드릴 만점 계산력 수학

6 단계

드릴 만점 계산력수학의 학습 효과

"와! 우리 아이가 계산의 천재가 되다니……"

엄마: 수제야, 평소에는 수학 문제를 잘 풀더니 시험 점수가 왜 어려니?

수제: 아엉! 나도 울고 싶다고요. 시간이 정해져 있으니까 초조해서 알던 문제도 못 풀겠던걸요!

우리는 종종 이런 대화를 듣곤 합니다. 이런 학생들은 문제를 푸는 계산 속도가 느리거나 아는 내용도 집중력 부족으로 풀이 과정에서 실수를 범하는 경우가 대부분입니다. 즉, 계산력에 문제가 있기 때문이지요. 그러면 계산력을 향상시키고, 집중력을 강화시키기 위해서는 어떤 방법이 필요할까요? 무엇보다도 문제와 친해져야 합니다. 그러기 위해서는 같은 유형의 문제를 반복해서 풀어 보는 방법이 제일이지요.

이런 학습을 가능하게 해 주는 것이 바로 '드릴 만점 계산력수학' 입니다.

'드릴 만점 계산력수학' 은 같은 유형의 문제를, 짧은 시간 내에, 집중적으로 풀게 함으로써 기초 실력을 탄탄하게 하고 숙련도를 높여 수학에 대한 자신감을 길러 줍니다.

이렇게 형성된 **기초 실력**과 **자신감**은 훗날 **대학 입학 시험**에서 높은 점수를 얻을 수 있는 반석(盤石)이 될 것입니다.

자, 그렇다면 '드릴 만점 계산력수학' 으로 학습하면 어떤 좋은 점이 있을까요?

1. 수준에 맞는 단계별 학습 프로그램으로 이해력이 빨라지도록 합니다.
각 학년에서 배우게 될 내용보다 조금 쉬운 과정에서 출발하여 그 학년에서 반드시 익혀야 할 내용까지 학습 목표를 명확하게 제시하여 학습의 이해도를 높였습니다.

2. 집중력을 키우고, 스스로 학습하는 습관을 길러 줍니다.
'표준 완성 시간' 을 정해 놓고, 그 시간 안에 주어진 문제를 스스로 풀도록 함으로써 스스로 학습하는 습관을 길러 줍니다.

3. 학습에 대한 성취감과 자신감을 길러 줍니다.
매회를 '표준 완성 시간' 내에 풀게 함으로써 집중력을 키우고, 반복 학습을 통한 계산력 향상으로 문제에 대한 자신감과 성취감이 최고에 이르도록 하였습니다.

이와 같은 학습 효과를 얻을 수 있는 '드릴 만점 계산력수학' 으로 꾸준히 공부한다면 반드시 '계산의 천재' 가 될 것입니다.

드릴 만점 계산력 수학의 학습 및 지도 방법

1 우선, 진단 평가를 실시한다!

똑같은 문제를 풀더라도 그 결과가 모든 사람에게 좋을 수는 없습니다.

따라서, 학습자가 어떤 학습 목표에 취약점이 있는지 미리 파악해서 각자의 수준에 맞는 단계의 교재를 선택하게 하여 자신감을 갖고 스스로 문제를 풀 수 있도록 해 주는 것이 무엇보다 중요합니다.

'드릴 만점 계산력 수학'은 아이들에게 성취감과 자신감을 주기 위해 조금 낮은 단계의 교재부터 시작해도 절대로 본 학습 진도에 뒤쳐지지 않도록 엮었습니다.

2 집중력을 가지고, 매회를 10분 내에 학습한다!

오랜 시간 동안 문제를 푼다고 해서 계산력이 향상되지는 않습니다. 따라서, '표준 완성 시간'을 정하여 정해진 짧은 시간 안에 문제를 풀 수 있도록 훈련합니다. 그러나 처음부터 '표준 완성 시간' 안에 풀어야 한다는 부담을 갖게 되면 흥미를 잃게 되므로 점차적으로 학습 습관이 형성되도록 하여 '표준 완성 시간' 안에 문제를 풀 수 있도록 지도합니다.

3 만점이 될 때까지 반복 학습을 한다!

문제를 풀다 보면 오답이 나올 수도 있습니다. 오답이 나온 경우, 틀린 문항을 반복하여 스스로 풀게 함으로써 반드시 만점을 맞도록 지도합니다.

이 같은 지도는 학생들의 문제 해결력에 대한 자신감을 길러 주어 학습 의욕을 불러 일으킵니다.

4 문제 푸는 과정을 중요시한다!

문제에 대한 답이 맞고 틀린 것만을 체크하지 말고, 문제 푸는 과정을 정확하게 서술했는지 확인합니다. 이 같은 지도는 서술형 문제를 해결하기 위한 기초 준비 학습입니다.

5 총괄 평가를 실시한다!

각 단계 학습이 끝난 후에 배운 내용을 종합적으로 총정리하고, 스스로 평가하는 과정입니다. 미흡한 부분은 다시 한 번 점검하여 100% 풀 수 있도록 숙달한 후에 다음 단계로 넘어가야 상위 단계의 학습 진행에 무리가 없습니다.

6 칭찬과 격려를 아끼지 않는다!

'칭찬은 고래도 춤추게 한다'라는 말이 있습니다. 학습 지도에 있어서 가장 중요한 일이 부모님의 칭찬과 격려입니다. '부모 확인란'을 활용하여 부모님이 지속적인 관심을 갖고 꾸준히 지도하신다면 자녀들의 계산력이 눈에 띄게 향상될 것입니다.

차 례
6단계

✱ 나눗셈의 몫을 소수 첫째 자리까지 구하고, 나머지도 알아보시오.

(40) $0.9 \div 2 =$ _____ ⋯ _____

(41) $3.5 \div 4 =$ _____ ⋯ _____

(42) $7.4 \div 9 =$ _____ ⋯ _____

(43) $2.3 \div 6 =$ _____ ⋯ _____

(44) $5.2 \div 8 =$ _____ ⋯ _____

(45) $6.2 \div 8 =$ _____ ⋯ _____

(46) $0.8 \div 3 =$ _____ ⋯ _____

(47) $1.1 \div 7 =$ _____ ⋯ _____

(48) $3.4 \div 8 =$ _____ ⋯ _____

(49) $0.7 \div 4 =$ _____ ⋯ _____

(50) $6.5 \div 7 =$ _____ ⋯ _____

(51) $2.5 \div 3 =$ _____ ⋯ _____

(52) $4.9 \div 9 =$ _____ ⋯ _____

(53) $1.7 \div 2 =$ _____ ⋯ _____

✱ 나눗셈의 몫을 소수 첫째 자리까지 구하고, 나머지도 알아보시오.

(54)
$8 \overline{)99.7}$

(55)
$3 \overline{)55.3}$

(56)
$6 \overline{)83.2}$

(57)
$16 \overline{)95.1}$

(58)
$47 \overline{)88.1}$

(59)
$26 \overline{)45.1}$

✱ 소수의 나눗셈을 하시오.

(60)
$75 \overline{)5025}$

(61)
$53 \overline{)312.7}$

(62)
$76 \overline{)623.2}$

(63)
$47 \overline{)37.13}$

(64)
$89 \overline{)70.31}$

(65)
$28 \overline{)24.92}$

(66)
$3.2 \overline{)307.2}$

(67)
$2.7 \overline{)261.9}$

(68)
$8.2 \overline{)713.4}$

(69)
$6.4 \overline{)53.12}$

(70)
$7.6 \overline{)31.92}$

수고하셨어요~.

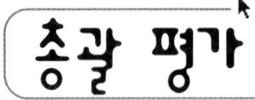
총괄 평가

문항 수	표준완성시간	정답 수
70	20분	/70문항

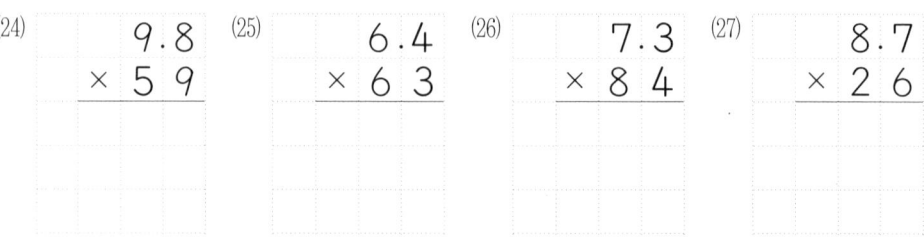

- 원(교)   학년   반   번   • 이름 :
- 실시 연월일 :   년   월   일   • 소요 시간 :   분 ~   분 (/20분)

✽ 소수의 곱셈을 하시오.

(1)
```
    3.8
  ×   6
```
(2)
```
    7.8
  ×   8
```
(3)
```
    0.7
  ×   8
```
(4)
```
    4.7
  ×   3
```
(5)
```
    2.6
  ×   9
```

(6)
```
    6.9
  ×   6
```
(7)
```
    0.8
  ×   4
```
(8)
```
    3.5
  ×   3
```
(9)
```
    2.8
  ×   4
```
(10)
```
    0.2
  ×   7
```

(11)
```
    5.7
  ×   9
```
(12)
```
    8.9
  ×   7
```
(13)
```
    0.9
  ×   3
```
(14)
```
    0.6
  ×   9
```
(15)
```
    7.7
  ×   7
```

(16)
```
   5 8.7
  ×    4
```
(17)
```
   8 5.7
  ×    7
```
(18)
```
   9 3.8
  ×    2
```
(19)
```
   7 0.6
  ×    3
```

(20)
```
   2 4.9
  ×    8
```
(21)
```
   6 7.5
  ×    6
```
(22)
```
   7 6.4
  ×    6
```
(23)
```
   3 2.8
  ×    9
```

✽ 소수의 곱셈을 하시오.

(24)
```
    9.8
  ×  5 9
```
(25)
```
    6.4
  ×  6 3
```
(26)
```
    7.3
  ×  8 4
```
(27)
```
    8.7
  ×  2 6
```

(28)
```
    6 6
  ×  3.5
```
(29)
```
    4 8
  ×  8.4
```
(30)
```
    6 4
  ×  9.3
```
(31)
```
    9 4
  ×  7.6
```

(32)
```
    0.7
  ×  0.2
```
(33)
```
    0.8
  ×  0.9
```
(34)
```
    0.5
  ×  0.3
```
(35)
```
    0.6
  ×  0.7
```

(36)
```
    3.8
  ×  3.9
```
(37)
```
    5.8
  ×  6.4
```
(38)
```
    8.9
  ×  2.9
```
(39)
```
    1.7
  ×  8.6
```

(1) 22.8 (2) 62.4 (3) 5.6 (4) 14.1 (5) 23.4

(6) 41.4 (7) 3.2 (8) 10.5 (9) 11.2 (10) 1.4

(11) 51.3 (12) 62.3 (13) 2.7 (14) 5.4 (15) 53.9

(16) 234.8 (17) 599.9 (18) 187.6 (19) 211.8 (20) 199.2

(21) 405.0 (22) 458.4 (23) 295.2 (24) 578.2 (25) 403.2

(26) 613.2 (27) 226.2 (28) 231.0 (29) 403.2 (30) 595.2

(31) 714.4 (32) 0.14 (33) 0.72 (34) 0.15 (35) 0.42

(36) 14.82 (37) 37.12 (38) 25.81 (39) 14.62

(40) 0.4…0.1 (41) 0.8…0.3 (42) 0.8…0.2

(43) 0.3…0.5 (44) 0.6…0.4 (45) 0.7…0.6

(46) 0.2…0.2 (47) 0.1…0.4 (48) 0.4…0.2

(49) 0.1…0.3 (50) 0.9…0.2 (51) 0.8…0.1

(52) 0.5…0.4 (53) 0.8…0.1 (54) 12.4…0.5

(55) 18.4…0.1 (56) 13.8…0.4 (57) 5.9…0.7

(58) 1.8…3.5 (59) 1.7…0.9 (60) 6.7

(61) 5.9 (62) 8.2 (63) 0.79 (64) 0.79 (65) 0.89

(66) 96 (67) 97 (68) 87 (69) 8.3 (70) 4.2

6단계 / 총괄

총괄 평가

(70문항 / 표준 완성 시간 20분)

총괄 평가 실시 목적

총괄 평가는 본 단계의 학습을 끝낸 후, 그 단계의 학업 성취도를 총괄적으로 정확하게 점검하기 위한 평가입니다. 총괄 평가를 실시한 결과, 본 단계(학년)의 학습 내용에 부족한 부분이 있으면 틀린 내용에 대해 다시 한 번 학습하게 한 후, 다음 단계로 진행해 주길 바랍니다.

'드릴 만점 계산력수학'은 단계별 1권씩으로 구성하여 조금 낮은 단계의 교재부터 시작하여도 절대로 본 학습 진도에 뒤쳐지지 않습니다.

총괄 평가 실시 방법 및 주의 사항

1. 절취선을 자르고, '총괄 평가지'를 폅니다.

2. 먼저, 학년, 반, 번, 이름, 실시 일자, 시작 시각을 쓰고, 문제를 풀게 한 후, 끝낸 시각도 정확히 기록합니다.

3. 정답은 총괄 평가지에 직접 쓰게 하고, 모르는 문제나 풀기 어려운 문제가 있을 시에는 시간을 끌지 말고 다음 문제로 넘어가도록 합니다.

4. 가능하면 '표준 완성 시간' 내에 풀도록 지시하고, 만약 '표준 완성 시간' 내에 풀지 못하면 '표준 완성 시간' 내에 푼 곳까지 체크해 놓고, 계속해서 끝까지 풀도록 합니다.

5. 채점은 학부모님께서 직접 해 주시고, **'학습 능력 평가표'**를 참조하여 알맞은 교재를 선택하여 진행합니다.

총괄 평가 주요 학습 목표

* 소수의 곱셈
  - 0.□×□, □.□×□, □□.□×□, □.□×□□, □□×□.□, 0.□×0.□, □.□×□.□ 등

* 소수의 나눗셈
  - 0.□÷□, □.□÷□, □□.□÷□, □□.□÷□□, □□□.□÷□□, □.□□÷□□, □□.□÷□.□, □□.□□÷□□

총괄 평가 학습 능력 평가표

평가	정답 수	소요 시간	진단 및 향후 학습 계획
아주 잘함	65개 이상	17분 이내	* 칭찬을 많이 해 주세요. * 6단계의 학습이 매우 잘 되었습니다.
잘함	60개 이상	20분 이내	* 칭찬과 격려를 해 주세요. * 6단계의 학습이 잘 되었습니다.
보통	56개 이상	25분 이내	* 좀 더 잘할 수 있도록 격려해 주세요. * 6단계의 학습이 충분치 못합니다. * 틀린 부분을 살펴보고, 다시 한 번 더 반복해서 풀어 보세요.
노력 바람	56개 미만	25분 이상	* 6단계의 학습이 부족합니다. * 조금 늦더라도 6단계 학습을 집중적으로 재학습한 후, 총괄 평가를 다시 해 보세요.

✱ 분수의 곱셈을 하시오.

(41) $\dfrac{2}{3} \times \dfrac{2}{9} =$

(42) $\dfrac{6}{7} \times \dfrac{3}{5} =$

(43) $\dfrac{3}{4} \times \dfrac{7}{8} =$

(44) $\dfrac{3}{5} \times \dfrac{2}{3} =$

(45) $\dfrac{4}{9} \times \dfrac{5}{6} =$

(46) $\dfrac{4}{7} \times \dfrac{7}{8} =$

(47) $\dfrac{14}{15} \times \dfrac{6}{7} =$

(48) $\dfrac{15}{28} \times \dfrac{8}{9} =$

(49) $\dfrac{3}{10} \times \dfrac{8}{21} =$

(50) $\dfrac{8}{15} \times \dfrac{5}{12}$

✱ 분수의 나눗셈을 하시오.

(51) $\dfrac{9}{10} \div \dfrac{27}{8} =$

(52) $\dfrac{6}{11} \div \dfrac{9}{7} =$

(53) $\dfrac{15}{16} \div \dfrac{25}{6} =$

(54) $\dfrac{4}{15} \div \dfrac{7}{6} =$

(55) $\dfrac{9}{10} \div \dfrac{21}{4} =$

(56) $\dfrac{35}{12} \div \dfrac{25}{8} =$

(57) $\dfrac{3}{10} \div \dfrac{7}{9} =$

(58) $\dfrac{7}{15} \div \dfrac{21}{10} =$

(59) $\dfrac{10}{9} \div \dfrac{25}{12} =$

(60) $\dfrac{8}{21} \div \dfrac{15}{14}$

✱ 다음을 계산하시오.

(61) $\dfrac{1}{6} + \dfrac{5}{12} + \dfrac{1}{8} =$

(62) $\dfrac{7}{12} + \dfrac{3}{4} - \dfrac{3}{10} =$

(63) $\dfrac{9}{16} - \dfrac{1}{3} + \dfrac{5}{24} =$

(64) $\dfrac{3}{4} - \dfrac{1}{15} - \dfrac{1}{6} =$

(65) $\dfrac{11}{12} - \dfrac{1}{6} + \dfrac{5}{8} =$

(66) $\dfrac{7}{15} \times \dfrac{5}{6} \times \dfrac{12}{7} =$

(67) $\dfrac{8}{9} \div \dfrac{20}{3} \div \dfrac{16}{25} =$

(68) $\dfrac{4}{15} \times \dfrac{3}{8} \div \dfrac{6}{5} =$

(69) $\dfrac{4}{7} \div \dfrac{25}{14} \div \dfrac{8}{15} =$

(70) $\dfrac{15}{8} \times \dfrac{14}{25} \div \dfrac{21}{16} =$

6단계 진단

진단 평가

문항 수	표준완성시간	정답 수
70	20분	/70문항

• 원(교)　　학년　　반　　번　• 이름:

• 실시 연월일:　　년　　월　　일　• 소요 시간:　　분~　　분 (　/20분)

✿ 두 수의 최대공약수를 구하시오.

(1) $(6, 39)$ → _____

(2) $(15, 9)$ → _____

(3) $(14, 49)$ → _____

(4) $(42, 12)$ → _____

(5) $(24, 56)$ → _____

✿ 두 수의 최소공배수를 구하시오.

(11) $(14, 35)$ → _____

(12) $(18, 10)$ → _____

(13) $(33, 22)$ → _____

(14) $(12, 28)$ → _____

(15) $(40, 16)$ → _____

✿ 분수의 덧셈을 하시오.

(21) $\dfrac{3}{10} + \dfrac{1}{6} =$

(22) $\dfrac{2}{15} + \dfrac{5}{12} =$

(23) $\dfrac{19}{21} + \dfrac{13}{14} =$

(24) $\dfrac{17}{20} + \dfrac{7}{30} =$

(25) $\dfrac{8}{15} + \dfrac{19}{20} =$

✿ 분수의 뺄셈을 하시오.

(31) $\dfrac{3}{4} - \dfrac{1}{14} =$

(32) $\dfrac{5}{8} - \dfrac{3}{20} =$

(33) $\dfrac{7}{12} - \dfrac{3}{10} =$

(34) $\dfrac{5}{18} - \dfrac{1}{12} =$

(35) $\dfrac{11}{14} - \dfrac{13}{21} =$

✿ 분수를 약분하여 기약분수로 나타내시오.

(6) $\dfrac{5}{15} =$ ☐

(7) $\dfrac{12}{21} =$ ☐

(8) $\dfrac{25}{45} =$ ☐

(9) $\dfrac{12}{16} =$ ☐

(10) $\dfrac{18}{27} =$ ☐

✿ 분수를 통분하여 보시오.

(16) $\left(\dfrac{7}{8}, \dfrac{3}{4}\right)$ → (　 , 　)

(17) $\left(\dfrac{14}{21}, \dfrac{5}{9}\right)$ → (　 , 　)

(18) $\left(\dfrac{5}{6}, \dfrac{7}{45}\right)$ → (　 , 　)

(19) $\left(\dfrac{7}{32}, \dfrac{6}{7}\right)$ → (　 , 　)

(20) $\left(\dfrac{11}{18}, \dfrac{7}{30}\right)$ → (　 , 　)

(26) $3\dfrac{1}{14} + 1\dfrac{5}{6} =$

(27) $2\dfrac{4}{15} + 3\dfrac{5}{12} =$

(28) $3\dfrac{11}{14} + 5\dfrac{16}{21} =$

(29) $2\dfrac{14}{15} + 8\dfrac{7}{20} =$

(30) $3\dfrac{11}{12} + 5\dfrac{17}{30} =$

(36) $6\dfrac{3}{10} - 4\dfrac{5}{6} =$

(37) $8\dfrac{3}{14} - 3\dfrac{8}{21} =$

(38) $6\dfrac{3}{20} - 4\dfrac{11}{15} =$

(39) $7\dfrac{1}{15} - 4\dfrac{5}{12} =$

(40) $7\dfrac{3}{20} - 4\dfrac{19}{30} =$

(1) 3　　(2) 3　　(3) 7　　(4) 6　　(5) 8　　(6) $\dfrac{1}{3}$

(7) $\dfrac{4}{7}$　　(8) $\dfrac{5}{9}$　　(9) $\dfrac{3}{4}$　　(10) $\dfrac{2}{3}$　　(11) 70　　(12) 90

(13) 66　　(14) 84　　(15) 80　　(16) $\left(\dfrac{7}{8},\ \dfrac{6}{8}\right)$

(17) $\left(\dfrac{42}{63},\ \dfrac{35}{63}\right)$　　(18) $\left(\dfrac{75}{90},\ \dfrac{14}{90}\right)$　　(19) $\left(\dfrac{49}{224},\ \dfrac{192}{224}\right)$

(20) $\left(\dfrac{55}{90},\ \dfrac{21}{90}\right)$　　(21) $\dfrac{7}{15}$　　(22) $\dfrac{11}{20}$　　(23) $1\dfrac{5}{6}$　　(24) $1\dfrac{1}{12}$

(25) $1\dfrac{29}{60}$　　(26) $4\dfrac{19}{21}$　　(27) $5\dfrac{41}{60}$　　(28) $9\dfrac{23}{42}$　　(29) $11\dfrac{17}{60}$　　(30) $9\dfrac{29}{60}$

(31) $\dfrac{19}{28}$　　(32) $\dfrac{19}{40}$　　(33) $\dfrac{17}{60}$　　(34) $\dfrac{7}{36}$　　(35) $\dfrac{1}{6}$　　(36) $1\dfrac{7}{15}$

(37) $4\dfrac{5}{6}$　　(38) $1\dfrac{5}{12}$　　(39) $2\dfrac{13}{20}$　　(40) $2\dfrac{31}{60}$　　(41) $\dfrac{4}{27}$　　(42) $\dfrac{18}{35}$

(43) $\dfrac{21}{32}$　　(44) $\dfrac{2}{5}$　　(45) $\dfrac{10}{27}$　　(46) $\dfrac{1}{2}$　　(47) $\dfrac{4}{5}$　　(48) $\dfrac{10}{21}$

(49) $\dfrac{4}{35}$　　(50) $\dfrac{2}{9}$　　(51) $\dfrac{4}{15}$　　(52) $\dfrac{14}{33}$　　(53) $\dfrac{9}{40}$　　(54) $\dfrac{8}{35}$

(55) $\dfrac{6}{35}$　　(56) $\dfrac{14}{15}$　　(57) $\dfrac{27}{70}$　　(58) $\dfrac{2}{9}$　　(59) $\dfrac{8}{15}$　　(60) $\dfrac{16}{45}$

(61) $\dfrac{17}{24}$　　(62) $1\dfrac{1}{30}$　　(63) $\dfrac{7}{16}$　　(64) $\dfrac{31}{60}$　　(65) $1\dfrac{3}{8}$　　(66) $\dfrac{2}{3}$

(67) $\dfrac{5}{24}$　　(68) $\dfrac{1}{12}$　　(69) $\dfrac{3}{5}$　　(70) $\dfrac{4}{5}$

진 단 평 가

(70문항 / 표준 완성 시간 20분)

6단계 교재를 시작하기 전에 실시하고,

학부모님께서 꼭 채점해 주세요!

진단 평가 실시 목적

진단 평가는 본 단계의 학습을 시작하기 전에 개인의 학력 수준을 정확하게 점검하기 위한 평가입니다. 진단 평가를 실시한 결과, 앞 단계(학년)의 학습 내용에 부족한 부분이 있으면 한 단계 낮은 수준의 교재를 학습한 후, 본 단계로 진행해 주길 바랍니다.

'드릴 만점 계산력 수학'은 단계별 1권씩으로 구성하여 조금 낮은 단계의 교재부터 시작하여도 절대로 본 학습 진도에 뒤쳐지지 않습니다.

진단 평가 실시 방법 및 주의 사항

1. 절취선을 자르고, '진단 평가지'를 폅니다.

2. 먼저, 학년, 반, 번, 이름, 실시 일자, 시작 시각을 쓰고, 문제를 풀게 한 후, 끝낸 시각도 정확히 기록합니다.

3. 정답은 진단 평가지에 직접 쓰게 하고, 모르는 문제나 풀기 어려운 문제가 있을 시에는 시간을 끌지 말고 다음 문제로 넘어가도록 합니다.

4. 가능하면 '표준 완성 시간' 내에 풀도록 지시하고, 만약 '표준 완성 시간' 내에 풀지 못하면 '표준 완성 시간' 내에 푼 곳까지 체크해 놓고, 계속해서 끝까지 풀도록 합니다.

5. 채점은 학부모님께서 직접 해 주시고, **'학습 능력 평가표'**를 참조하여 알맞은 교재를 선택하여 진행합니다.

진단 평가 주요 학습 목표

❋ **약분과 통분** 최대공약수, 약분, 최소공배수, 통분

❋ **분수의 덧셈과 뺄셈, 곱셈과 나눗셈**

이분모분수의 덧셈과 뺄셈, 약분이 있는 곱셈과 나눗셈

❋ **세 분수의 혼합 계산** 분수의 사칙 혼합 계산

진단 평가 학습 능력 평가표

평가	정답 수	소요 시간	진단 및 향후 학습 계획
아주 잘함	65개 이상	17분 이내	*칭찬을 많이 해 주세요. *5단계의 학습이 매우 잘 되었습니다. *6단계 학습을 바로 진행하세요.
잘함	60개 이상	20분 이내	*칭찬과 격려를 해 주세요. *5단계의 학습이 잘 되었습니다. *6단계 학습을 바로 진행하세요.
보통	56개 이상	25분 이내	*좀 더 잘할 수 있도록 격려해 주세요. *5단계의 학습이 충분치 못합니다. *틀린 부분을 다시 한 번 더 학습한 후, 6단계로 진행하세요.
노력 바람	56개 미만	25분 이상	*5단계의 학습이 부족합니다. *조금 늦더라도 5단계 학습을 집중적으로 재학습한 후, 6단계로 진행해 주세요.

(주)교학사

1회 소수의 곱셈 1

0.□×□의 계산 (1)

 월  일 이름

표준 완성 시간 4~5분

부모 확인란

평 가	😊	😊	😒	😫
오답수	아주 잘함 : 0~2	잘함 : 3~5	보통 : 6~8	노력 바람 : 9~

1. 소수의 곱셈을 하시오.

(1) $0.4 \times 1 = \boxed{0.4}$

(2) $0.3 \times 5 = \boxed{}$

(3) $0.6 \times 4 = \boxed{}$

(4) $0.8 \times 8 = \boxed{}$

(5) $0.2 \times 9 = \boxed{}$

(6) $0.7 \times 2 = \boxed{}$

(7) $0.6 \times 3 = \boxed{}$

(8) $0.4 \times 8 = \boxed{}$

(9) $0.7 \times 6 = \boxed{}$

(10) $0.5 \times 5 = \boxed{}$

(11) $0.3 \times 7 = \boxed{}$

(12) $0.5 \times 6 = \boxed{3.0}$

(13) $0.7 \times 4 = \boxed{}$

(14) $0.7 \times 5 = \boxed{}$

(15) $0.8 \times 4 = \boxed{}$

(16) $0.6 \times 2 = \boxed{}$

(17) $0.6 \times 5 = \boxed{}$

(18) $0.4 \times 5 = \boxed{}$

(19) $0.2 \times 8 = \boxed{}$

(20) $0.4 \times 9 = \boxed{}$

(21) $0.4 \times 3 = \boxed{}$

(22) $0.2 \times 3 = \boxed{}$

(23) $0.3 \times 8 = \boxed{}$

(24) $0.8 \times 2 = \boxed{}$

(25) $0.4 \times 4 = \boxed{}$

(26) $0.6 \times 8 = \boxed{}$

(27) $0.4 \times 7 = \boxed{}$

(28) $0.7 \times 9 = \boxed{}$

(29) $0.8 \times 5 = \boxed{}$

(30) $0.9 \times 7 = \boxed{}$

(31) $0.4 \times 9 = \boxed{}$

(32) $0.6 \times 7 = \boxed{}$

(33) $0.8 \times 6 = \boxed{}$

(34) $0.4 \times 6 = \boxed{}$

(35) $0.2 \times 4 = \boxed{}$

(36) $0.6 \times 9 = \boxed{}$

(37) $0.8 \times 9 = \boxed{}$

(38) $0.3 \times 9 = \boxed{}$

(39) $0.8 \times 7 = \boxed{}$

(40) $0.2 \times 5 = \boxed{}$

(41) $0.7 \times 7 = \boxed{}$

(42) $0.2 \times 7 = \boxed{}$

(43) $0.3 \times 6 = \boxed{}$

(44) $0.6 \times 6 = \boxed{}$

(45) $0.7 \times 8 = \boxed{}$

(46) $0.2 \times 6 = \boxed{}$

(47) $0.5 \times 7 = \boxed{}$

(48) $0.4 \times 2 = \boxed{}$

(49) $0.8 \times 3 = \boxed{}$

(50) $0.9 \times 3 = \boxed{}$

✻ 소수의 곱셈을 하시오.

(1) $0.2×5=$ 1.0

(2) $0.7×4=$

(3) $0.9×2=$

(4) $0.3×6=$

(5) $0.8×4=$

(6) $0.9×3=$

(7) $0.5×5=$

(8) $0.7×8=$

(9) $0.6×7=$

(10) $0.3×5=$

(11) $0.6×5=$

(12) $0.9×8=$

(13) $0.4×7=$

(14) $0.9×5=$

(15) $0.5×2=$

(16) $0.2×9=$

(17) $0.7×6=$

(18) $0.5×3=$

(19) $0.8×8=$

(20) $0.5×8=$

(21) $0.7×3=$

(22) $0.4×8=$

(23) $0.7×9=$

(24) $0.3×9=$

(25) $0.9×7=$

(26) $0.6×3=$

(27) $0.5×9=$

(28) $0.8×5=$

(29) $0.3×2=$

(30) $0.9×4=$

(31) $0.7×2=$

(32) $0.9×6=$

(33) $0.3×4=$

(34) $0.7×5=$

(35) $0.6×6=$

(36) $0.5×4=$

(37) $0.6×8=$

(38) $0.8×7=$

(39) $0.5×7=$

(40) $0.6×4=$

(41) $0.7×7=$

(42) $0.3×7=$

(43) $0.9×9=$

(44) $0.8×6=$

(45) $0.3×5=$

(46) $0.6×9=$

(47) $0.5×8=$

소수점 아래의 맨 끝의 0은 지워서 나타내세요. 1.0 → 1.0

3회 소수의 곱셈 1

0.□×□의 계산 (3)

○ 월 ○ 일 이름

✳ 소수의 곱셈을 하시오.

(1) 0.6×7 = 4.2
(2) 0.1×4 =
(3) 0.9×3 =
(4) 0.8×6 =
(5) 0.3×9 =
(6) 0.7×8 =
(7) 0.4×2 =
(8) 0.6×5 =
(9) 0.3×6 =
(10) 0.5×3 =
(11) 0.4×4 =
(12) 0.9×4 =
(13) 0.6×3 =
(14) 0.7×7 =
(15) 0.2×5 =
(16) 0.1×1 =
(17) 0.5×1 =
(18) 0.8×4 =
(19) 0.2×6 =
(20) 0.6×5 =

(21) 0.5×9 =
(22) 0.9×2 =
(23) 0.7×1 =
(24) 0.6×1 =
(25) 0.5×2 =
(26) 0.2×7 =
(27) 0.8×9 =
(28) 0.4×9 =
(29) 0.3×4 =
(30) 0.6×6 =
(31) 0.2×2 =
(32) 0.7×4 =
(33) 0.3×3 =
(34) 0.4×5 =
(35) 0.8×7 =
(36) 0.9×5 =
(37) 0.2×1 =
(38) 0.4×8 =
(39) 0.3×7 =
(40) 0.8×5 =

(41) 0.5×4 =
(42) 0.9×1 =
(43) 0.1×5 =
(44) 0.2×8 =
(45) 0.7×7 =
(46) 0.3×8 =
(47) 0.4×6 =
(48) 0.7×5 =
(49) 0.6×2 =
(50) 0.9×9 =
(51) 0.9×8 =
(52) 0.7×8 =
(53) 0.1×4 =
(54) 0.6×8 =
(55) 0.5×5 =
(56) 0.2×9 =
(57) 0.3×2 =
(58) 0.1×9 =
(59) 0.8×8 =
(60) 0.9×7 =

(61) 0.8×3 =
(62) 0.5×8 =
(63) 0.6×9 =
(64) 0.7×3 =
(65) 0.8×7 =
(66) 0.3×1 =
(67) 0.2×4 =
(68) 0.5×7 =
(69) 0.9×6 =
(70) 0.3×5 =
(71) 0.1×8 =
(72) 0.7×9 =
(73) 0.4×3 =
(74) 0.6×4 =
(75) 0.8×2 =
(76) 0.4×7 =
(77) 0.1×6 =
(78) 0.9×3 =
(79) 0.2×3 =
(80) 0.5×6 =

(81) 0.9×3 =
(82) 0.8×3 =
(83) 0.4×4 =
(84) 0.8×5 =
(85) 0.6×7 =
(86) 0.1×3 =
(87) 0.7×5 =
(88) 0.9×4 =
(89) 0.6×3 =
(90) 0.2×9 =
(91) 0.1×4 =
(92) 0.8×9 =
(93) 0.5×9 =
(94) 0.4×6 =
(95) 0.4×8 =
(96) 0.2×6 =
(97) 0.8×7 =
(98) 0.3×5 =
(99) 0.8×8 =
(100) 0.2×1 =

 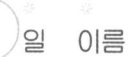

표준 완성 시간 5~6분

부모 확인란

평가				
오답수	아주 잘함 : 0~3	잘함 : 4~6	보통 : 7~9	노력 바람 : 10~

✳ 소수의 곱셈을 하시오.

(1) 0.3×7 = 2.1

(2) 0.8×4 =

(3) 0.5×5 =

(4) 0.6×4 =

(5) 0.2×5 =

(6) 0.7×8 =

(7) 0.2×6 =

(8) 0.3×5 =

(9) 0.8×2 =

(10) 0.7×3 =

(11) 0.1×3 =

(12) 0.8×1 =

(13) 0.7×4 =

(14) 0.7×2 =

(15) 0.4×3 =

(16) 0.8×9 =

(17) 0.7×5 =

(18) 0.4×8 =

(19) 0.5×4 =

(20) 0.1×7 =

(21) 0.4×8 =

(22) 0.8×7 =

(23) 0.3×3 =

(24) 0.3×7 =

(25) 0.7×5 =

(26) 0.1×4 =

(27) 0.7×6 =

(28) 0.5×8 =

(29) 0.4×9 =

(30) 0.6×8 =

(31) 0.7×1 =

(32) 0.3×8 =

(33) 0.9×7 =

(34) 0.3×2 =

(35) 0.4×8 =

(36) 0.9×4 =

(37) 0.4×1 =

(38) 0.2×3 =

(39) 0.5×6 =

(40) 0.7×7 =

(41) 0.8×6 =

(42) 0.8×5 =

(43) 0.5×3 =

(44) 0.4×6 =

(45) 0.9×1 =

(46) 0.6×7 =

(47) 0.1×5 =

(48) 0.4×9 =

(49) 0.3×6 =

(50) 0.8×8 =

(51) 0.7×6 =

(52) 0.9×9 =

(53) 0.3×7 =

(54) 0.1×6 =

(55) 0.2×4 =

(56) 0.9×8 =

(57) 0.3×1 =

(58) 0.4×5 =

(59) 0.8×7 =

(60) 0.6×1 =

(61) 0.9×3 =

(62) 0.8×6 =

(63) 0.1×1 =

(64) 0.6×2 =

(65) 0.5×9 =

(66) 0.7×4 =

(67) 0.1×9 =

(68) 0.7×8 =

(69) 0.4×2 =

(70) 0.7×9 =

(71) 0.9×5 =

(72) 0.2×1 =

(73) 0.6×8 =

(74) 0.5×7 =

(75) 0.7×9 =

(76) 0.9×2 =

(77) 0.5×1 =

(78) 0.2×2 =

(79) 0.9×3 =

(80) 0.2×9 =

(81) 0.3×9 =

(82) 0.4×7 =

(83) 0.6×6 =

(84) 0.5×2 =

(85) 0.2×8 =

(86) 0.7×3 =

(87) 0.2×7 =

(88) 0.9×6 =

(89) 0.7×7 =

(90) 0.6×3 =

(91) 0.1×2 =

(92) 0.4×4 =

(93) 0.6×9 =

(94) 0.9×4 =

(95) 0.7×2 =

(96) 0.1×8 =

(97) 0.6×5 =

(98) 0.8×4 =

(99) 0.3×4 =

(100) 0.6×7 =

✻ 소수의 곱셈을 하시오.

(1) $0.1 \times 1 = 0.1$

(2) $0.6 \times 3 =$

(3) $0.4 \times 4 =$

(4) $0.3 \times 6 =$

(5) $0.7 \times 6 =$

(6) $0.8 \times 4 =$

(7) $0.2 \times 6 =$

(8) $0.1 \times 3 =$

(9) $0.9 \times 4 =$

(10) $0.5 \times 3 =$

(11) $0.2 \times 1 =$

(12) $0.3 \times 9 =$

(13) $0.5 \times 1 =$

(14) $0.2 \times 5 =$

(15) $0.7 \times 2 =$

(16) $0.8 \times 3 =$

(17) $0.8 \times 6 =$

(18) $0.4 \times 2 =$

(19) $0.9 \times 3 =$

(20) $0.6 \times 5 =$

(21) $0.8 \times 9 =$

(22) $0.7 \times 1 =$

(23) $0.2 \times 8 =$

(24) $0.6 \times 6 =$

(25) $0.5 \times 7 =$

(26) $0.9 \times 2 =$

(27) $0.3 \times 3 =$

(28) $0.8 \times 5 =$

(29) $0.7 \times 3 =$

(30) $0.1 \times 4 =$

(31) $0.2 \times 2 =$

(32) $0.9 \times 5 =$

(33) $0.2 \times 6 =$

(34) $0.3 \times 4 =$

(35) $0.4 \times 5 =$

(36) $0.1 \times 2 =$

(37) $0.8 \times 6 =$

(38) $0.6 \times 1 =$

(39) $0.2 \times 7 =$

(40) $0.4 \times 9 =$

(41) $0.7 \times 8 =$

(42) $0.8 \times 8 =$

(43) $0.1 \times 9 =$

(44) $0.3 \times 2 =$

(45) $0.5 \times 4 =$

(46) $0.6 \times 7 =$

(47) $0.8 \times 1 =$

(48) $0.9 \times 7 =$

(49) $0.4 \times 6 =$

(50) $0.1 \times 7 =$

(51) $0.6 \times 8 =$

(52) $0.6 \times 3 =$

(53) $0.7 \times 7 =$

(54) $0.5 \times 2 =$

(55) $0.8 \times 9 =$

(56) $0.7 \times 9 =$

(57) $0.3 \times 7 =$

(58) $0.1 \times 5 =$

(59) $0.4 \times 8 =$

(60) $0.9 \times 8 =$

(61) $0.8 \times 3 =$

(62) $0.1 \times 8 =$

(63) $0.6 \times 7 =$

(64) $0.3 \times 8 =$

(65) $0.9 \times 6 =$

(66) $0.4 \times 3 =$

(67) $0.5 \times 5 =$

(68) $0.6 \times 4 =$

(69) $0.2 \times 9 =$

(70) $0.7 \times 3 =$

(71) $0.9 \times 9 =$

(72) $0.4 \times 1 =$

(73) $0.6 \times 2 =$

(74) $0.2 \times 4 =$

(75) $0.5 \times 7 =$

(76) $0.5 \times 6 =$

(77) $0.5 \times 8 =$

(78) $0.9 \times 3 =$

(79) $0.8 \times 7 =$

(80) $0.3 \times 1 =$

(81) $0.9 \times 1 =$

(82) $0.4 \times 6 =$

(83) $0.3 \times 5 =$

(84) $0.9 \times 4 =$

(85) $0.3 \times 2 =$

(86) $0.4 \times 9 =$

(87) $0.7 \times 5 =$

(88) $0.8 \times 6 =$

(89) $0.7 \times 2 =$

(90) $0.4 \times 7 =$

(91) $0.1 \times 6 =$

(92) $0.4 \times 4 =$

(93) $0.5 \times 9 =$

(94) $0.2 \times 3 =$

(95) $0.7 \times 6 =$

(96) $0.3 \times 9 =$

(97) $0.6 \times 9 =$

(98) $0.7 \times 7 =$

(99) $0.4 \times 7 =$

(100) $0.8 \times 2 =$

1. 소수의 곱셈을 하시오.

(1)
```
   2.2
 ×   5
───────
 1 1.0
```

(2)
```
   4.9
 ×   9
───────
```

(3)
```
   3.6
 ×   9
───────
```

■.0은
■.0으로
나타내세요.

(4)
```
   7.8
 ×   6
───────
```

(5)
```
   3.7
 ×   7
───────
```

(6)
```
   1.5
 ×   9
───────
```

(7)
```
   7.7
 ×   8
───────
```

(8)
```
   1.3
 ×   9
───────
```

(9)
```
   4.4
 ×   9
───────
```

(10)
```
   9.8
 ×   3
───────
```

(11)
```
   5.7
 ×   9
───────
```

(12)
```
   1.7
 ×   9
───────
```

(13)
```
   7.6
 ×   4
───────
```

(14)
```
   4.2
 ×   9
───────
```

(15)
```
   2.5
 ×   7
───────
```

(16)
```
   3.8
 ×   3
───────
```

(17)
```
   2.6
 ×   4
───────
```

(18)
```
   7.7
 ×   7
───────
```

(19)
```
   6.8
 ×   3
───────
```

(20)
```
   6.4
 ×   5
───────
```

(21)
```
   1.9
 ×   8
───────
```

(22)
```
   3.9
 ×   8
───────
```

(23)
```
   4.7
 ×   6
───────
```

(24)
```
   7.3
 ×   7
───────
```

(25)
```
   5.6
 ×   9
───────
```

(26)
```
   8.4
 ×   7
───────
```

2. 소수의 곱셈을 하시오.

(1)
```
   1.5
 ×   8
───────
```

(2)
```
   4.6
 ×   7
───────
```

(3)
```
   7.7
 ×   4
───────
```

(4)
```
   5.3
 ×   9
───────
```

(5)
```
   8.8
 ×   3
───────
```

(6)
```
   6.6
 ×   3
───────
```

(7)
```
   5.9
 ×   9
───────
```

(8)
```
   2.8
 ×   7
───────
```

(9)
```
   3.9
 ×   6
───────
```

(10)
```
   6.7
 ×   8
───────
```

(11)
```
   3.5
 ×   6
───────
```

(12)
```
   8.9
 ×   8
───────
```

(13)
```
   4.6
 ×   9
───────
```

(14)
```
   7.8
 ×   9
───────
```

(15)
```
   1.9
 ×   6
───────
```

(16)
```
   8.8
 ×   7
───────
```

(17)
```
   4.5
 ×   7
───────
```

(18)
```
   2.5
 ×   9
───────
```

(19)
```
   3.7
 ×   4
───────
```

(20)
```
   3.6
 ×   8
───────
```

(21)
```
   6.6
 ×   2
───────
```

(22)
```
   5.9
 ×   8
───────
```

(23)
```
   1.8
 ×   9
───────
```

(24)
```
   8.7
 ×   7
───────
```

(25)
```
   2.3
 ×   7
───────
```

(26)
```
   3.4
 ×   5
───────
```

(27)
```
   8.7
 ×   6
───────
```

(28)
```
   4.7
 ×   3
───────
```

(29)
```
   6.9
 ×   6
───────
```

(30)
```
   5.8
 ×   4
───────
```

7회 소수의 곱셈 1

  □.□×□의 계산 (2)

○ 월 ○ 일 이름

1. 소수의 곱셈을 하시오.

(1)
```
   5.6
×    6
─────
 33.6
```

(2)
```
   6.5
×    9
─────
```

(3)
```
   7.6
×    4
─────
```

(4)
```
   9.5
×    5
─────
```

(5)
```
   3.7
×    9
─────
```

(6)
```
   7.4
×    5
─────
```

(7)
```
   8.2
×    7
─────
```

(8)
```
   2.7
×    8
─────
```

(9)
```
   6.2
×    7
─────
```

(10)
```
   9.3
×    4
─────
```

(11)
```
   8.4
×    7
─────
```

(12)
```
   7.6
×    6
─────
```

(13)
```
   3.7
×    5
─────
```

(14)
```
   4.2
×    8
─────
```

(15)
```
   7.3
×    9
─────
```

(16)
```
   6.3
×    6
─────
```

(17)
```
   9.3
×    8
─────
```

(18)
```
   3.4
×    8
─────
```

(19)
```
   8.7
×    6
─────
```

(20)
```
   2.6
×    5
─────
```

(21)
```
   4.9
×    4
─────
```

(22)
```
   9.4
×    6
─────
```

(23)
```
   9.8
×    5
─────
```

(24)
```
   5.3
×    4
─────
```

(25)
```
   7.5
×    9
─────
```

(26)
```
   3.6
×    3
─────
```

(27)
```
   8.2
×    6
─────
```

(28)
```
   6.8
×    5
─────
```

(29)
```
   7.8
×    3
─────
```

(30)
```
   2.3
×    8
─────
```

2. 소수의 곱셈을 하시오.

(1)
```
   4.5
×    5
─────
```

(2)
```
   6.9
×    3
─────
```

(3)
```
   4.7
×    8
─────
```

(4)
```
   3.4
×    5
─────
```

(5)
```
   3.8
×    9
─────
```

(6)
```
   7.9
×    4
─────
```

(7)
```
   9.8
×    2
─────
```

(8)
```
   4.6
×    8
─────
```

(9)
```
   2.4
×    9
─────
```

(10)
```
   3.6
×    8
─────
```

(11)
```
   7.9
×    2
─────
```

(12)
```
   8.6
×    9
─────
```

(13)
```
   2.2
×    7
─────
```

(14)
```
   6.7
×    2
─────
```

(15)
```
   3.3
×    7
─────
```

(16)
```
   9.3
×    6
─────
```

(17)
```
   3.9
×    4
─────
```

(18)
```
   5.7
×    5
─────
```

(19)
```
   6.9
×    7
─────
```

(20)
```
   5.8
×    4
─────
```

(21)
```
   4.3
×    6
─────
```

(22)
```
   6.9
×    2
─────
```

(23)
```
   3.5
×    5
─────
```

(24)
```
   9.7
×    2
─────
```

(25)
```
   6.7
×    4
─────
```

(26)
```
   4.6
×    3
─────
```

(27)
```
   7.5
×    3
─────
```

(28)
```
   4.5
×    6
─────
```

(29)
```
   6.4
×    9
─────
```

(30)
```
   8.4
×    4
─────
```

 **8**회 소수의 곱셈 1    □.□×□의 계산 (3)

표준 완성 시간 5~6분

평가	😊	😄	😟	👻
오답수	아주 잘함 : 0~3	잘함 : 4~6	보통 : 7~9	노력 바람 : 10~

부모 확인란

○ 월 ○ 일 이름

1. 소수의 곱셈을 하시오.

(1)
```
    6.3
  ×   7
  4 4.1
```

(2)
```
    2.3
  ×   8
```

(3)
```
    4.8
  ×   5
```

(4)
```
    5.9
  ×   2
```

(5)
```
    6.6
  ×   4
```

(6)
```
    8.4
  ×   4
```

(7)
```
    9.5
  ×   4
```

(8)
```
    3.3
  ×   5
```

(9)
```
    4.6
  ×   3
```

(10)
```
    8.4
  ×   5
```

(11)
```
    3.5
  ×   6
```

(12)
```
    8.7
  ×   3
```

(13)
```
    2.7
  ×   7
```

(14)
```
    9.6
  ×   2
```

(15)
```
    9.4
  ×   3
```

(16)
```
    7.6
  ×   9
```

(17)
```
    4.5
  ×   9
```

(18)
```
    7.5
  ×   2
```

(19)
```
    2.4
  ×   8
```

(20)
```
    7.2
  ×   5
```

(21)
```
    3.9
  ×   6
```

(22)
```
    9.4
  ×   5
```

(23)
```
    8.9
  ×   9
```

(24)
```
    4.9
  ×   5
```

(25)
```
    3.7
  ×   9
```

(26)
```
    4.4
  ×   3
```

(27)
```
    6.9
  ×   4
```

(28)
```
    8.8
  ×   2
```

(29)
```
    5.6
  ×   7
```

(30)
```
    7.4
  ×   3
```

2. 소수의 곱셈을 하시오.

(1)
```
    3.8
  ×   5
```

(2)
```
    5.9
  ×   8
```

(3)
```
    4.9
  ×   4
```

(4)
```
    6.7
  ×   4
```

(5)
```
    9.4
  ×   7
```

(6)
```
    8.2
  ×   9
```

(7)
```
    5.5
  ×   8
```

(8)
```
    2.4
  ×   5
```

(9)
```
    7.8
  ×   5
```

(10)
```
    4.2
  ×   6
```

(11)
```
    2.5
  ×   6
```

(12)
```
    5.8
  ×   6
```

(13)
```
    7.9
  ×   3
```

(14)
```
    9.2
  ×   8
```

(15)
```
    8.7
  ×   5
```

(16)
```
    8.4
  ×   3
```

(17)
```
    6.5
  ×   3
```

(18)
```
    3.5
  ×   4
```

(19)
```
    2.5
  ×   5
```

(20)
```
    9.7
  ×   7
```

(21)
```
    6.8
  ×   4
```

(22)
```
    8.8
  ×   9
```

(23)
```
    7.7
  ×   3
```

(24)
```
    5.8
  ×   3
```

(25)
```
    9.5
  ×   6
```

(26)
```
    9.2
  ×   6
```

(27)
```
    4.3
  ×   3
```

(28)
```
    5.3
  ×   6
```

(29)
```
    8.5
  ×   9
```

(30)
```
    6.6
  ×   9
```

1. 소수의 곱셈을 하시오.

(1)
```
   2.7
 ×   4
─────
  10.8
```

(2)
```
   1.9
 ×   6
─────
```

(3)
```
   3.8
 ×   5
─────
```

(4)
```
   5.7
 ×   9
─────
```

(5)
```
   2.6
 ×   9
─────
```

(6)
```
   8.2
 ×   9
─────
```

(7)
```
   4.8
 ×   9
─────
```

(8)
```
   1.8
 ×   6
─────
```

(9)
```
   3.5
 ×   3
─────
```

(10)
```
   6.5
 ×   4
─────
```

(11)
```
   3.7
 ×   9
─────
```

(12)
```
   7.9
 ×   9
─────
```

(13)
```
   6.7
 ×   8
─────
```

(14)
```
   1.7
 ×   9
─────
```

(15)
```
   6.5
 ×   7
─────
```

(16)
```
   2.8
 ×   6
─────
```

(17)
```
   8.6
 ×   7
─────
```

(18)
```
   9.2
 ×   5
─────
```

(19)
```
   6.5
 ×   4
─────
```

(20)
```
   8.4
 ×   6
─────
```

(21)
```
   5.8
 ×   7
─────
```

(22)
```
   6.2
 ×   8
─────
```

(23)
```
   8.9
 ×   9
─────
```

(24)
```
   7.6
 ×   8
─────
```

(25)
```
   4.7
 ×   3
─────
```

(26)
```
   1.5
 ×   7
─────
```

(27)
```
   2.6
 ×   4
─────
```

(28)
```
   7.9
 ×   7
─────
```

(29)
```
   5.9
 ×   8
─────
```

(30)
```
   8.7
 ×   6
─────
```

2. 소수의 곱셈을 하시오.

(1)
```
   4.3
 ×   7
─────
```

(2)
```
   2.8
 ×   8
─────
```

(3)
```
   4.6
 ×   7
─────
```

(4)
```
   2.6
 ×   9
─────
```

(5)
```
   7.7
 ×   7
─────
```

(6)
```
   7.9
 ×   7
─────
```

(7)
```
   1.6
 ×   7
─────
```

(8)
```
   3.9
 ×   9
─────
```

(9)
```
   5.8
 ×   9
─────
```

(10)
```
   4.6
 ×   8
─────
```

(11)
```
   7.4
 ×   5
─────
```

(12)
```
   1.4
 ×   8
─────
```

(13)
```
   3.5
 ×   9
─────
```

(14)
```
   7.6
 ×   4
─────
```

(15)
```
   6.6
 ×   8
─────
```

(16)
```
   3.4
 ×   8
─────
```

(17)
```
   6.9
 ×   3
─────
```

(18)
```
   1.3
 ×   9
─────
```

(19)
```
   6.8
 ×   6
─────
```

(20)
```
   5.6
 ×   9
─────
```

(21)
```
   1.7
 ×   9
─────
```

(22)
```
   5.9
 ×   7
─────
```

(23)
```
   7.2
 ×   6
─────
```

(24)
```
   4.5
 ×   9
─────
```

(25)
```
   2.9
 ×   8
─────
```

(26)
```
   5.9
 ×   6
─────
```

(27)
```
   9.3
 ×   4
─────
```

(28)
```
   6.4
 ×   8
─────
```

(29)
```
   3.8
 ×   7
─────
```

(30)
```
   8.9
 ×   3
─────
```

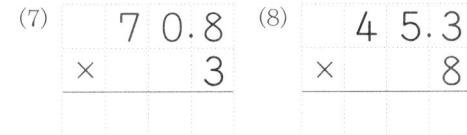

표준 완성 시간 6~7분

| 평가 | 오답수 | 아주 잘함 : 0~3 | 잘함 : 4~6 | 보통 : 7~9 | 노력 바람 : 10~ |

부모 확인란

○월 ○일 이름

1. 소수의 곱셈을 하시오.

(1)
```
    6 5.3
×      4
  2 6 1.2
```

(2)
```
    2 8.6
×      6
```

(3)
```
    5 4.5
×      3
```

(4)
```
    9 5.3
×      5
```

(5)
```
    7 2.6
×      6
```

(6)
```
    8 4.4
×      7
```

(7)
```
    5 5.7
×      2
```

(8)
```
    2 7.8
×      6
```

(9)
```
    6 7.4
×      4
```

(10)
```
    4 2.3
×      7
```

(11)
```
    7 0.8
×      6
```

(12)
```
    3 4.5
×      9
```

(13)
```
    2 7.8
×      6
```

(14)
```
    2 4.8
×      8
```

(15)
```
    3 3.6
×      8
```

(16)
```
    8 2.9
×      2
```

(17)
```
    9 5.2
×      9
```

(18)
```
    8 3.7
×      3
```

(19)
```
    3 0.7
×      8
```

(20)
```
    7 6.4
×      6
```

(21)
```
    4 6.9
×      9
```

(22)
```
    5 1.7
×      8
```

(23)
```
    9 7.4
×      9
```

(24)
```
    6 6.9
×      5
```

2. 소수의 곱셈을 하시오.

(1)
```
    4 1.2
×      9
```

(2)
```
    3 6.7
×      6
```

(3)
```
    9 3.8
×      7
```

(4)
```
    2 4.5
×      8
```

(5)
```
    6 5.4
×      4
```

(6)
```
    9 1.9
×      6
```

(7)
```
    7 0.8
×      3
```

(8)
```
    4 5.3
×      8
```

(9)
```
    8 6.9
×      8
```

(10)
```
    7 9.2
×      5
```

(11)
```
    6 1.4
×      8
```

(12)
```
    5 6.9
×      6
```

(13)
```
    8 0.8
×      4
```

(14)
```
    9 8.6
×      2
```

(15)
```
    5 7.4
×      6
```

(16)
```
    8 5.3
×      9
```

(17)
```
    3 5.8
×      5
```

(18)
```
    5 8.7
×      4
```

(19)
```
    9 6.4
×      6
```

(20)
```
    7 6.5
×      9
```

(21)
```
    2 8.6
×      9
```

(22)
```
    8 4.7
×      8
```

(23)
```
    6 9.7
×      4
```

(24)
```
    9 0.3
×      8
```

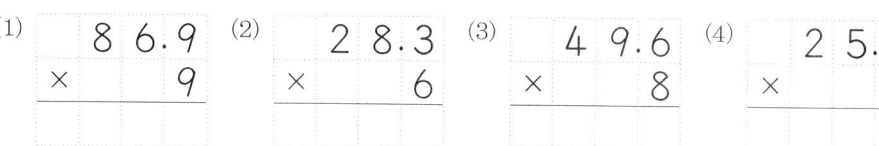

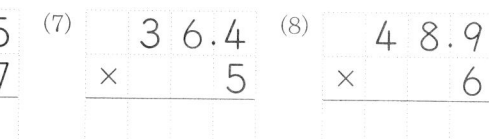

1. 소수의 곱셈을 하시오.

(1)
```
   4 8.9
×      8
───────
 3 9 1.2
```

(2)
```
   7 5.7
×      4
```

(3)
```
   6 9.5
×      2
```

(4)
```
   1 5.8
×      7
```

(5)
```
   8 2.9
×      7
```

(6)
```
   6 5.4
×      3
```

(7)
```
   2 8.7
×      6
```

(8)
```
   3 9.4
×      5
```

(9)
```
   2 9.7
×      8
```

(10)
```
   5 6.5
×      3
```

(11)
```
   7 6.9
×      7
```

(12)
```
   4 3.6
×      6
```

(13)
```
   3 8.7
×      8
```

(14)
```
   7 3.5
×      4
```

(15)
```
   6 1.9
×      7
```

(16)
```
   9 5.8
×      8
```

(17)
```
   6 3.6
×      7
```

(18)
```
   5 4.9
×      5
```

(19)
```
   7 4.4
×      8
```

(20)
```
   2 5.4
×      7
```

(21)
```
   8 9.3
×      8
```

(22)
```
   9 4.3
×      6
```

(23)
```
   7 9.5
×      9
```

(24)
```
   9 3.6
×      7
```

2. 소수의 곱셈을 하시오.

(1)
```
   8 6.9
×      9
```

(2)
```
   2 8.3
×      6
```

(3)
```
   4 9.6
×      8
```

(4)
```
   2 5.6
×      9
```

(5)
```
   7 7.4
×      8
```

(6)
```
   9 5.5
×      7
```

(7)
```
   3 6.4
×      5
```

(8)
```
   4 8.9
×      6
```

(9)
```
   6 4.3
×      4
```

(10)
```
   8 3.2
×      6
```

(11)
```
   7 5.6
×      8
```

(12)
```
   2 7.7
×      9
```

(13)
```
   5 1.9
×      8
```

(14)
```
   6 8.5
×      9
```

(15)
```
   4 5.7
×      6
```

(16)
```
   9 7.5
×      8
```

(17)
```
   2 7.5
×      7
```

(18)
```
   4 6.9
×      6
```

(19)
```
   6 7.9
×      8
```

(20)
```
   5 4.8
×      9
```

(21)
```
   3 6.9
×      7
```

(22)
```
   4 2.9
×      8
```

(23)
```
   7 1.8
×      7
```

(24)
```
   5 8.6
×      6
```

1. 소수의 곱셈을 하시오.

(1)
```
  3 6.7
×     4
───────
1 4 6.8
```

(2)
```
  1 7.6
×     6
───────
```

(3)
```
  2 7.5
×     5
───────
```

(4)
```
  5 4.9
×     6
───────
```

(5)
```
  8 8.9
×     7
───────
```

(6)
```
  7 7.6
×     5
───────
```

(7)
```
  4 1.6
×     7
───────
```

(8)
```
  6 8.7
×     6
───────
```

(9)
```
  4 3.9
×     9
───────
```

(10)
```
  8 6.5
×     6
───────
```

(11)
```
  1 4.4
×     7
───────
```

(12)
```
  3 9.4
×     6
───────
```

(13)
```
  7 1.3
×     7
───────
```

(14)
```
  2 7.8
×     4
───────
```

(15)
```
  7 7.6
×     4
───────
```

(16)
```
  4 8.7
×     3
───────
```

(17)
```
  8 7.2
×     6
───────
```

(18)
```
  4 6.8
×     3
───────
```

(19)
```
  3 7.8
×     9
───────
```

(20)
```
  5 8.9
×     5
───────
```

(21)
```
  7 8.7
×     6
───────
```

(22)
```
  1 2.7
×     9
───────
```

(23)
```
  8 3.9
×     6
───────
```

(24)
```
  7 8.9
×     7
───────
```

2. 소수의 곱셈을 하시오.

(1)
```
  6 8.4
×     8
───────
```

(2)
```
  8 6.7
×     6
───────
```

(3)
```
  5 7.8
×     8
───────
```

(4)
```
  3 7.8
×     3
───────
```

(5)
```
  4 7.2
×     7
───────
```

(6)
```
  2 5.6
×     4
───────
```

(7)
```
  9 8.3
×     6
───────
```

(8)
```
  7 2.9
×     7
───────
```

(9)
```
  4 5.7
×     8
───────
```

(10)
```
  7 5.8
×     9
───────
```

(11)
```
  1 8.6
×     6
───────
```

(12)
```
  5 7.6
×     7
───────
```

(13)
```
  2 8.7
×     8
───────
```

(14)
```
  6 8.6
×     5
───────
```

(15)
```
  3 3.6
×     8
───────
```

(16)
```
  8 7.2
×     7
───────
```

(17)
```
  7 4.3
×     9
───────
```

(18)
```
  6 7.8
×     6
───────
```

(19)
```
  2 4.5
×     8
───────
```

(20)
```
  7 6.3
×     9
───────
```

(21)
```
  3 7.9
×     7
───────
```

(22)
```
  2 8.9
×     9
───────
```

(23)
```
  1 6.9
×     8
───────
```

(24)
```
  8 8.8
×     6
───────
```

표준 완성 시간 6~7분 **부모 확인란**

평 가				
오답수	아주 잘함 : 0~3	잘함 : 4~6	보통 : 7~9	노력 바람 : 10~

1. 소수의 곱셈을 하시오.

(1)
```
   3 7. 8
 ×      7
 2 6 4. 6
```

(2)
```
   8 8. 8
 ×      4
```

(3)
```
   6 3. 4
 ×      3
```

(4)
```
   8 7. 6
 ×      7
```

(5)
```
   4 6. 7
 ×      7
```

(6)
```
   2 4. 8
 ×      9
```

(7)
```
   6 8. 7
 ×      6
```

(8)
```
   5 7. 8
 ×      5
```

(9)
```
   8 7. 3
 ×      7
```

(10)
```
   5 6. 7
 ×      8
```

(11)
```
   7 7. 8
 ×      3
```

(12)
```
   3 6. 7
 ×      6
```

(13)
```
   3 8. 9
 ×      8
```

(14)
```
   8 3. 7
 ×      4
```

(15)
```
   1 6. 7
 ×      9
```

(16)
```
   7 7. 6
 ×      8
```

(17)
```
   1 7. 5
 ×      8
```

(18)
```
   8 7. 5
 ×      7
```

(19)
```
   3 6. 9
 ×      3
```

(20)
```
   7 8. 9
 ×      5
```

(21)
```
   4 5. 6
 ×      7
```

(22)
```
   3 8. 9
 ×      9
```

(23)
```
   2 8. 7
 ×      6
```

(24)
```
   6 8. 9
 ×      2
```

2. 소수의 곱셈을 하시오.

(1)
```
   4 5. 6
 ×      9
```

(2)
```
   6 7. 9
 ×      7
```

(3)
```
   7 1. 9
 ×      6
```

(4)
```
   3 6. 7
 ×      8
```

(5)
```
   6 2. 7
 ×      8
```

(6)
```
   4 8. 9
 ×      9
```

(7)
```
   5 7. 4
 ×      7
```

(8)
```
   7 8. 9
 ×      5
```

(9)
```
   7 6. 9
 ×      8
```

(10)
```
   8 5. 9
 ×      7
```

(11)
```
   9 7. 8
 ×      2
```

(12)
```
   6 3. 5
 ×      6
```

(13)
```
   2 8. 9
 ×      7
```

(14)
```
   1 4. 6
 ×      9
```

(15)
```
   3 0. 6
 ×      8
```

(16)
```
   8 7. 8
 ×      4
```

(17)
```
   9 4. 3
 ×      8
```

(18)
```
   3 9. 7
 ×      6
```

(19)
```
   4 2. 6
 ×      8
```

(20)
```
   2 7. 6
 ×      5
```

(21)
```
   5 8. 6
 ×      4
```

(22)
```
   8 7. 5
 ×      4
```

(23)
```
   4 7. 3
 ×      7
```

(24)
```
   3 4. 7
 ×      3
```

1. 소수의 곱셈을 하시오.

(1)
$$\begin{array}{r} 53.6 \\ \times\ \ \ \ 8 \\ \hline 428.8 \end{array}$$

(2)
$$\begin{array}{r} 23.7 \\ \times\ \ \ \ 9 \\ \hline \end{array}$$

(3)
$$\begin{array}{r} 85.9 \\ \times\ \ \ \ 6 \\ \hline \end{array}$$

(4)
$$\begin{array}{r} 13.6 \\ \times\ \ \ \ 9 \\ \hline \end{array}$$

(5)
$$\begin{array}{r} 58.7 \\ \times\ \ \ \ 5 \\ \hline \end{array}$$

(6)
$$\begin{array}{r} 97.8 \\ \times\ \ \ \ 4 \\ \hline \end{array}$$

(7)
$$\begin{array}{r} 34.9 \\ \times\ \ \ \ 8 \\ \hline \end{array}$$

(8)
$$\begin{array}{r} 48.8 \\ \times\ \ \ \ 6 \\ \hline \end{array}$$

(9)
$$\begin{array}{r} 78.5 \\ \times\ \ \ \ 7 \\ \hline \end{array}$$

(10)
$$\begin{array}{r} 38.6 \\ \times\ \ \ \ 3 \\ \hline \end{array}$$

(11)
$$\begin{array}{r} 61.8 \\ \times\ \ \ \ 7 \\ \hline \end{array}$$

(12)
$$\begin{array}{r} 57.9 \\ \times\ \ \ \ 9 \\ \hline \end{array}$$

(13)
$$\begin{array}{r} 37.9 \\ \times\ \ \ \ 9 \\ \hline \end{array}$$

(14)
$$\begin{array}{r} 66.3 \\ \times\ \ \ \ 6 \\ \hline \end{array}$$

(15)
$$\begin{array}{r} 72.5 \\ \times\ \ \ \ 9 \\ \hline \end{array}$$

(16)
$$\begin{array}{r} 81.7 \\ \times\ \ \ \ 7 \\ \hline \end{array}$$

(17)
$$\begin{array}{r} 47.5 \\ \times\ \ \ \ 7 \\ \hline \end{array}$$

(18)
$$\begin{array}{r} 23.9 \\ \times\ \ \ \ 8 \\ \hline \end{array}$$

(19)
$$\begin{array}{r} 74.6 \\ \times\ \ \ \ 5 \\ \hline \end{array}$$

(20)
$$\begin{array}{r} 68.4 \\ \times\ \ \ \ 6 \\ \hline \end{array}$$

(21)
$$\begin{array}{r} 68.5 \\ \times\ \ \ \ 6 \\ \hline \end{array}$$

(22)
$$\begin{array}{r} 54.6 \\ \times\ \ \ \ 7 \\ \hline \end{array}$$

(23)
$$\begin{array}{r} 44.7 \\ \times\ \ \ \ 9 \\ \hline \end{array}$$

(24)
$$\begin{array}{r} 87.4 \\ \times\ \ \ \ 8 \\ \hline \end{array}$$

2. 소수의 곱셈을 하시오.

(1)
$$\begin{array}{r} 88.7 \\ \times\ \ \ \ 3 \\ \hline \end{array}$$

(2)
$$\begin{array}{r} 53.4 \\ \times\ \ \ \ 7 \\ \hline \end{array}$$

(3)
$$\begin{array}{r} 17.6 \\ \times\ \ \ \ 8 \\ \hline \end{array}$$

(4)
$$\begin{array}{r} 66.8 \\ \times\ \ \ \ 5 \\ \hline \end{array}$$

(5)
$$\begin{array}{r} 96.8 \\ \times\ \ \ \ 2 \\ \hline \end{array}$$

(6)
$$\begin{array}{r} 42.9 \\ \times\ \ \ \ 8 \\ \hline \end{array}$$

(7)
$$\begin{array}{r} 56.9 \\ \times\ \ \ \ 7 \\ \hline \end{array}$$

(8)
$$\begin{array}{r} 23.7 \\ \times\ \ \ \ 8 \\ \hline \end{array}$$

(9)
$$\begin{array}{r} 35.8 \\ \times\ \ \ \ 9 \\ \hline \end{array}$$

(10)
$$\begin{array}{r} 87.9 \\ \times\ \ \ \ 4 \\ \hline \end{array}$$

(11)
$$\begin{array}{r} 41.8 \\ \times\ \ \ \ 7 \\ \hline \end{array}$$

(12)
$$\begin{array}{r} 76.4 \\ \times\ \ \ \ 5 \\ \hline \end{array}$$

(13)
$$\begin{array}{r} 25.7 \\ \times\ \ \ \ 9 \\ \hline \end{array}$$

(14)
$$\begin{array}{r} 55.2 \\ \times\ \ \ \ 8 \\ \hline \end{array}$$

(15)
$$\begin{array}{r} 84.9 \\ \times\ \ \ \ 6 \\ \hline \end{array}$$

(16)
$$\begin{array}{r} 95.7 \\ \times\ \ \ \ 2 \\ \hline \end{array}$$

(17)
$$\begin{array}{r} 77.8 \\ \times\ \ \ \ 3 \\ \hline \end{array}$$

(18)
$$\begin{array}{r} 97.9 \\ \times\ \ \ \ 5 \\ \hline \end{array}$$

(19)
$$\begin{array}{r} 56.2 \\ \times\ \ \ \ 9 \\ \hline \end{array}$$

(20)
$$\begin{array}{r} 80.7 \\ \times\ \ \ \ 4 \\ \hline \end{array}$$

(21)
$$\begin{array}{r} 68.9 \\ \times\ \ \ \ 7 \\ \hline \end{array}$$

(22)
$$\begin{array}{r} 83.8 \\ \times\ \ \ \ 6 \\ \hline \end{array}$$

(23)
$$\begin{array}{r} 47.5 \\ \times\ \ \ \ 8 \\ \hline \end{array}$$

(24)
$$\begin{array}{r} 76.8 \\ \times\ \ \ \ 2 \\ \hline \end{array}$$

1. 소수의 곱셈을 하시오.

(1)
```
    4.7
 ×  6 4
 ─────
  1 8 8
  2 8 2
 ─────
  3 0 0.8
```

(2)
```
    2.6
 ×  8 3
```

(3)
```
    9.6
 ×  2 3
```

(4)
```
    3.7
 ×  2 4
```

(5)
```
    6.9
 ×  2 5
```

(6)
```
    4.6
 ×  5 7
```

(7)
```
    8.6
 ×  4 8
```

(8)
```
    9.9
 ×  7 6
```

(9)
```
    6.6
 ×  5 3
```

(10)
```
    8.4
 ×  6 8
```

(11)
```
    7.5
 ×  3 2
```

(12)
```
    4.7
 ×  8 4
```

(13)
```
    9.4
 ×  4 6
```

(14)
```
    5.8
 ×  3 7
```

(15)
```
    4.9
 ×  2 5
```

(16)
```
    7.2
 ×  8 5
```

2. 소수의 곱셈을 하시오.

(1)
```
    5.4
 ×  6 3
```

(2)
```
    8.3
 ×  7 4
```

(3)
```
    9.7
 ×  5 7
```

(4)
```
    6.4
 ×  8 3
```

(5)
```
    4.9
 ×  8 4
```

(6)
```
    6.4
 ×  7 9
```

(7)
```
    7.4
 ×  9 6
```

(8)
```
    9.8
 ×  2 4
```

(9)
```
    9.6
 ×  8 5
```

(10)
```
    8.5
 ×  9 4
```

(11)
```
    4.8
 ×  6 7
```

(12)
```
    6.7
 ×  3 9
```

(13)
```
    7.8
 ×  3 7
```

(14)
```
    4.5
 ×  7 3
```

(소수)×(자연수)는 자연수의 곱셈과 같이 계산한 후, 소수점을 내려 찍어야 해요.

1. 소수의 곱셈을 하시오.

(1)
```
    9.8
 ×   47
  6 8 6
  3 9 2
  4 6 0.6
```

(2)
```
    2.7
 ×   46
```

(3)
```
    8.8
 ×   29
```

(4)
```
    7.5
 ×   96
```

(5)
```
    3.6
 ×   38
```

(6)
```
    6.9
 ×   56
```

(7)
```
    4.7
 ×   76
```

(8)
```
    9.4
 ×   84
```

(9)
```
    8.4
 ×   86
```

(10)
```
    6.5
 ×   93
```

(11)
```
    9.8
 ×   54
```

(12)
```
    7.8
 ×   66
```

(13)
```
    9.6
 ×   53
```

(14)
```
    8.6
 ×   83
```

(15)
```
    5.6
 ×   27
```

(16)
```
    6.2
 ×   79
```

2. 소수의 곱셈을 하시오.

(1)
```
    5.7
 ×   64
```

(2)
```
    7.9
 ×   23
```

(3)
```
    4.8
 ×   36
```

(4)
```
    8.9
 ×   74
```

(5)
```
    4.9
 ×   87
```

(6)
```
    8.4
 ×   73
```

(7)
```
    5.2
 ×   97
```

(8)
```
    9.9
 ×   64
```

(9)
```
    5.4
 ×   67
```

(10)
```
    8.7
 ×   76
```

(11)
```
    9.2
 ×   84
```

(12)
```
    7.9
 ×   63
```

(13)
```
    6.5
 ×   84
```

(14)
```
    2.7
 ×   98
```

(15)
```
    9.7
 ×   34
```

(16)
```
    4.6
 ×   69
```

1. 소수의 곱셈을 하시오.

(1)
```
    9.4
×   3 4
─────
  3 7 6
2 8 2
─────
3 1 9.6
```

(2)
```
    3.7
×   8 9
─────
```

(3)
```
    2.9
×   5 8
─────
```

(4)
```
    6.8
×   4 5
─────
```

(5)
```
    4.7
×   7 2
─────
```

(6)
```
    9.7
×   7 5
─────
```

(7)
```
    7.5
×   3 4
─────
```

(8)
```
    3.9
×   9 7
─────
```

(9)
```
    7.8
×   5 3
─────
```

(10)
```
    5.3
×   9 9
─────
```

(11)
```
    9.8
×   7 4
─────
```

(12)
```
    7.9
×   5 2
─────
```

(13)
```
    5.7
×   7 2
─────
```

(14)
```
    2.7
×   6 9
─────
```

(15)
```
    8.5
×   5 8
─────
```

(16)
```
    9.4
×   3 9
─────
```

2. 소수의 곱셈을 하시오.

(1)
```
    6.4
×   9 7
─────
```

(2)
```
    8.7
×   3 8
─────
```

(3)
```
    9.3
×   2 5
─────
```

(4)
```
    5.5
×   4 7
─────
```

(5)
```
    4.9
×   9 8
─────
```

(6)
```
    8.5
×   4 6
─────
```

(7)
```
    3.3
×   9 5
─────
```

(8)
```
    4.3
×   8 8
─────
```

(9)
```
    7.4
×   3 3
─────
```

(10)
```
    3.6
×   5 6
─────
```

(11)
```
    8.8
×   2 7
─────
```

(12)
```
    9.4
×   6 4
─────
```

(13)
```
    9.5
×   7 8
─────
```

(14)
```
    9.6
×   2 3
─────
```

(15)
```
    6.5
×   2 4
─────
```

(16)
```
    3.8
×   3 7
─────
```

1. 소수의 곱셈을 하시오.

(1)
```
    4.9
  ×  8 5
  2 4 5
3 9 2
4 1 6.5
```

(2)
```
    8.3
  ×  6 7
```

(3)
```
    5.6
  ×  7 7
```

(4)
```
    9.8
  ×  2 4
```

(5)
```
    8.3
  ×  7 5
```

(6)
```
    5.4
  ×  5 7
```

(7)
```
    4.2
  ×  6 9
```

(8)
```
    2.7
  ×  7 9
```

(9)
```
    9.8
  ×  4 6
```

(10)
```
    8.6
  ×  7 8
```

(11)
```
    7.5
  ×  6 7
```

(12)
```
    4.3
  ×  9 4
```

(13)
```
    9.6
  ×  3 5
```

(14)
```
    9.7
  ×  3 8
```

(15)
```
    5.6
  ×  2 9
```

(16)
```
    6.5
  ×  8 6
```

2. 소수의 곱셈을 하시오.

(1)
```
    9.8
  ×  3 5
```

(2)
```
    7.5
  ×  4 3
```

(3)
```
    6.3
  ×  8 4
```

(4)
```
    4.9
  ×  9 8
```

(5)
```
    8.5
  ×  7 2
```

(6)
```
    2.8
  ×  9 7
```

(7)
```
    7.4
  ×  4 8
```

(8)
```
    3.7
  ×  5 9
```

(9)
```
    9.7
  ×  4 5
```

(10)
```
    7.6
  ×  3 3
```

(11)
```
    7.9
  ×  6 9
```

(12)
```
    9.4
  ×  5 8
```

(13)
```
    8.6
  ×  6 3
```

(14)
```
    4.4
  ×  9 5
```

(15)
```
    5.6
  ×  2 9
```

(16)
```
    6.5
  ×  2 6
```

1. 소수의 곱셈을 하시오.

(1)
```
     8.7
  ×  8 9
  ────────
   7 8 3
  6 9 6
  ────────
  7 7 4.3
```

(2)
```
     6.5
  ×  7 9
```

(3)
```
     1.7
  ×  7 4
```

(4)
```
     4.8
  ×  3 6
```

(5)
```
     3.9
  ×  6 7
```

(6)
```
     9.6
  ×  5 5
```

(7)
```
     2.8
  ×  7 3
```

(8)
```
     1.5
  ×  9 9
```

(9)
```
     2.6
  ×  9 8
```

(10)
```
     3.5
  ×  4 8
```

(11)
```
     6.7
  ×  6 3
```

(12)
```
     9.3
  ×  8 4
```

(13)
```
     4.2
  ×  7 5
```

(14)
```
     1.8
  ×  9 7
```

(15)
```
     8.9
  ×  6 7
```

(16)
```
     5.6
  ×  6 2
```

2. 소수의 곱셈을 하시오.

(1)
```
     3.4
  ×  6 3
```

(2)
```
     8.4
  ×  5 7
```

(3)
```
     6.9
  ×  9 8
```

(4)
```
     5.9
  ×  7 9
```

(5)
```
     2.6
  ×  6 7
```

(6)
```
     3.4
  ×  4 8
```

(7)
```
     2.5
  ×  9 6
```

(8)
```
     6.3
  ×  3 8
```

(9)
```
     7.9
  ×  4 6
```

(10)
```
     1.9
  ×  9 8
```

(11)
```
     8.4
  ×  5 3
```

(12)
```
     4.7
  ×  8 9
```

(13)
```
     7.8
  ×  9 6
```

(14)
```
     3.7
  ×  9 3
```

(15)
```
     1.6
  ×  8 7
```

(16)
```
     3.6
  ×  8 4
```

○ 월 ○ 일 이름

표준 완성 시간 6~7분

부모 확인란

평가	☺	☺	☹	☹
오답수	아주 잘함 : 0~2	잘함 : 3~5	보통 : 6~8	노력 바람 : 9~

1. 소수의 곱셈을 하시오.

(1)
```
      4.8
  ×    78
    3 8 4
    3 3 6
    3 7 4.4
```

(2)
```
      1.5
  ×    89
```

(3)
```
      6.7
  ×    56
```

(4)
```
      2.8
  ×    69
```

(5)
```
      7.8
  ×    77
```

(6)
```
      2.9
  ×    84
```

(7)
```
      7.9
  ×    92
```

(8)
```
      2.9
  ×    58
```

(9)
```
      4.9
  ×    76
```

(10)
```
      7.8
  ×    83
```

(11)
```
      3.9
  ×    39
```

(12)
```
      1.7
  ×    78
```

(13)
```
      5.8
  ×    89
```

(14)
```
      9.3
  ×    48
```

(15)
```
      7.8
  ×    94
```

(16)
```
      1.6
  ×    69
```

2. 소수의 곱셈을 하시오.

(1)
```
      8.8
  ×    68
```

(2)
```
      6.9
  ×    73
```

(3)
```
      7.6
  ×    45
```

(4)
```
      3.7
  ×    69
```

(5)
```
      2.4
  ×    89
```

(6)
```
      3.6
  ×    39
```

(7)
```
      4.9
  ×    93
```

(8)
```
      5.7
  ×    53
```

(9)
```
      3.7
  ×    94
```

(10)
```
      7.9
  ×    68
```

(11)
```
      1.7
  ×    96
```

(12)
```
      6.8
  ×    89
```

(13)
```
      8.9
  ×    38
```

(14)
```
      6.9
  ×    28
```

(15)
```
      2.5
  ×    77
```

(16)
```
      1.7
  ×    88
```

1. 소수의 곱셈을 하시오.

(1)
```
    8.4
×   28
─────
  6 7 2
1 6 8
2 3 5.2
```

(2)
```
    9.2
×   26
─────
```

(3)
```
    7.6
×   89
─────
```

(4)
```
    6.9
×   73
─────
```

(5)
```
    7.8
×   94
─────
```

(6)
```
    6.7
×   89
─────
```

(7)
```
    8.9
×   79
─────
```

(8)
```
    1.6
×   93
─────
```

(9)
```
    2.9
×   78
─────
```

(10)
```
    6.8
×   69
─────
```

(11)
```
    3.7
×   57
─────
```

(12)
```
    5.9
×   83
─────
```

(13)
```
    2.8
×   78
─────
```

(14)
```
    7.9
×   94
─────
```

(15)
```
    1.8
×   76
─────
```

(16)
```
    8.9
×   98
─────
```

2. 소수의 곱셈을 하시오.

(1)
```
    4.8
×   68
─────
```

(2)
```
    9.7
×   42
─────
```

(3)
```
    2.9
×   69
─────
```

(4)
```
    7.8
×   84
─────
```

(5)
```
    1.9
×   89
─────
```

(6)
```
    8.6
×   94
─────
```

(7)
```
    6.8
×   39
─────
```

(8)
```
    4.6
×   77
─────
```

(9)
```
    6.8
×   36
─────
```

(10)
```
    3.8
×   65
─────
```

(11)
```
    4.7
×   69
─────
```

(12)
```
    7.9
×   67
─────
```

(13)
```
    2.7
×   97
─────
```

(14)
```
    6.2
×   98
─────
```

(15)
```
    7.9
×   17
─────
```

(16)
```
    1.5
×   89
─────
```

22회 소수의 곱셈 2 □.□×□□의 계산 (8)

○ 월 ○ 일 이름

표준 완성 시간 6~7분

부모 확인란

평 가	😊	😊	😞	😫
오답수	아주 잘함 : 0~2	잘함 : 3~5	보통 : 6~8	노력 바람 : 9~

1. 소수의 곱셈을 하시오.

(1)
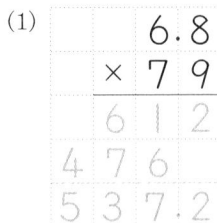
```
     6.8
  ×   7 9
     6 1 2
   4 7 6
   5 3 7.2
```

(2)
```
     1.6
  ×   9 6
```

(3)
```
     3.5
  ×   3 8
```

(4)
```
     7.6
  ×   4 8
```

(5)
```
     2.9
  ×   4 9
```

(6)
```
     7.5
  ×   9 4
```

(7)
```
     8.8
  ×   6 9
```

(8)
```
     3.9
  ×   7 8
```

(9)
```
     6.8
  ×   5 6
```

(10)
```
     2.9
  ×   8 7
```

(11)
```
     1.6
  ×   9 7
```

(12)
```
     5.8
  ×   9 3
```

(13)
```
     8.9
  ×   2 6
```

(14)
```
     6.7
  ×   8 5
```

(15)
```
     3.7
  ×   9 6
```

(16)
```
     4.9
  ×   3 9
```

2. 소수의 곱셈을 하시오.

(1)
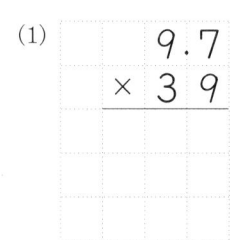
```
     9.7
  ×   3 9
```

(2)
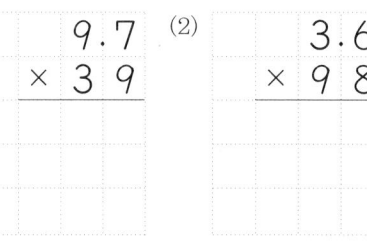
```
     3.6
  ×   9 8
```

(3)
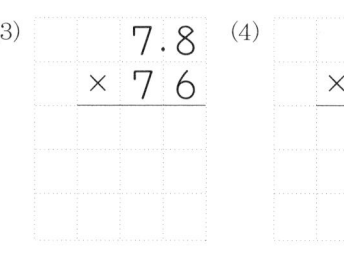
```
     7.8
  ×   7 6
```

(4)
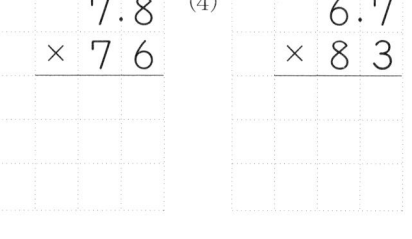
```
     6.7
  ×   8 3
```

(5)
```
     6.7
  ×   6 9
```

(6)
```
     1.3
  ×   9 9
```

(7)
```
     7.8
  ×   5 9
```

(8)
```
     1.5
  ×   8 7
```

(9)
```
     3.4
  ×   3 9
```

(10)
```
     1.8
  ×   7 6
```

(11)
```
     6.9
  ×   3 6
```

(12)
```
     8.9
  ×   8 6
```

(13)
```
     2.5
  ×   6 7
```

(14)
```
     3.8
  ×   4 8
```

(15)
```
     6.7
  ×   8 4
```

(16)
```
     6.3
  ×   6 9
```

23회 소수의 곱셈 2

□.□×□□의 계산 (9)

1. 소수의 곱셈을 하시오.

(1)
```
    6.8
×   9 5
  3 4 0
6 1 2
6 4 6.0
```

(2)
```
    1.7
×   8 9
```

(3)
```
    6.3
×   6 3
```

(4)
```
    4.7
×   7 7
```

(5)
```
    3.9
×   3 4
```

(6)
```
    7.8
×   8 3
```

(7)
```
    9.6
×   8 7
```

(8)
```
    2.6
×   6 9
```

(9)
```
    2.7
×   4 9
```

(10)
```
    5.7
×   2 6
```

(11)
```
    6.8
×   3 8
```

(12)
```
    3.6
×   9 8
```

(13)
```
    7.5
×   6 9
```

(14)
```
    2.5
×   8 9
```

(15)
```
    4.6
×   8 9
```

(16)
```
    3.9
×   3 8
```

2. 소수의 곱셈을 하시오.

(1)
```
    1.8
×   7 9
```

(2)
```
    2.5
×   4 8
```

(3)
```
    3.8
×   8 6
```

(4)
```
    7.8
×   3 8
```

(5)
```
    5.8
×   9 3
```

(6)
```
    7.9
×   7 8
```

(7)
```
    8.9
×   6 4
```

(8)
```
    1.9
×   8 9
```

(9)
```
    8.4
×   6 8
```

(10)
```
    3.7
×   4 9
```

(11)
```
    9.6
×   5 3
```

(12)
```
    2.5
×   9 3
```

(13)
```
    2.7
×   7 6
```

(14)
```
    8.9
×   4 9
```

(15)
```
    1.9
×   9 7
```

(16)
```
    6.7
×   6 3
```

24회 소수의 곱셈 3

0.□×□, □×0.□의 계산

월 일 이름

표준 완성 시간 5~6분

평가				
오답수	아주 잘함 : 0~3	잘함 : 4~6	보통 : 7~9	노력 바람 : 10~

부모 확인란

✲ 소수의 곱셈을 하시오.

(1) $0.4\times5=$ 2.0
(2) $0.3\times4=$
(3) $0.8\times2=$
(4) $0.5\times3=$
(5) $0.8\times5=$
(6) $0.6\times8=$
(7) $0.1\times3=$
(8) $0.4\times7=$
(9) $0.3\times2=$
(10) $0.8\times3=$
(11) $0.7\times6=$
(12) $0.3\times9=$
(13) $0.8\times4=$
(14) $0.7\times5=$
(15) $0.6\times3=$
(16) $0.3\times1=$
(17) $0.2\times5=$
(18) $0.8\times8=$
(19) $0.7\times4=$
(20) $0.2\times7=$

(21) $0.6\times1=$
(22) $0.3\times7=$
(23) $0.2\times3=$
(24) $0.6\times7=$
(25) $0.8\times7=$
(26) $0.1\times4=$
(27) $0.8\times6=$
(28) $0.5\times7=$
(29) $0.6\times9=$
(30) $0.4\times8=$
(31) $0.8\times1=$
(32) $0.7\times8=$
(33) $0.9\times4=$
(34) $0.4\times2=$
(35) $0.6\times9=$
(36) $0.9\times7=$
(37) $0.6\times8=$
(38) $0.4\times3=$
(39) $0.5\times6=$
(40) $0.8\times5=$

(41) $1\times0.6=$
(42) $7\times0.8=$
(43) $2\times0.7=$
(44) $4\times0.8=$
(45) $8\times0.9=$
(46) $7\times0.7=$
(47) $9\times0.9=$
(48) $4\times0.5=$
(49) $9\times0.6=$
(50) $7\times0.9=$
(51) $2\times0.6=$
(52) $8\times0.1=$
(53) $5\times0.3=$
(54) $7\times0.6=$
(55) $3\times0.4=$
(56) $8\times0.8=$
(57) $6\times0.7=$
(58) $4\times0.4=$
(59) $6\times0.1=$
(60) $2\times0.1=$

(61) $7\times0.3=$
(62) $9\times0.8=$
(63) $3\times0.1=$
(64) $6\times0.2=$
(65) $5\times0.1=$
(66) $9\times0.4=$
(67) $8\times0.2=$
(68) $7\times0.5=$
(69) $4\times0.2=$
(70) $3\times0.9=$
(71) $8\times0.5=$
(72) $1\times0.1=$
(73) $6\times0.8=$
(74) $5\times0.7=$
(75) $9\times0.9=$
(76) $1\times0.5=$
(77) $5\times0.9=$
(78) $3\times0.2=$
(79) $8\times0.3=$
(80) $1\times0.9=$

(81) $2\times0.9=$
(82) $9\times0.7=$
(83) $6\times0.3=$
(84) $5\times0.2=$
(85) $2\times0.4=$
(86) $9\times0.3=$
(87) $1\times0.2=$
(88) $8\times0.6=$
(89) $4\times0.7=$
(90) $6\times0.5=$
(91) $3\times0.7=$
(92) $8\times0.4=$
(93) $6\times0.6=$
(94) $4\times0.6=$
(95) $9\times0.2=$
(96) $1\times0.8=$
(97) $6\times0.9=$
(98) $7\times0.4=$
(99) $3\times0.8=$
(100) $6\times0.7=$

✽ 소수의 곱셈을 하시오.

(1) 0.7×0.9 = 0.63

(2) 0.2×0.1 =

(3) 0.1×0.3 =

(4) 0.9×0.4 =

(5) 0.3×0.5 =

(6) 0.8×0.6 =

(7) 0.5×0.2 =

(8) 0.6×0.6 =

(9) 0.4×0.1 =

(10) 0.6×0.9 =

(11) 0.5×0.4 =

(12) 0.2×0.6 =

(13) 0.4×0.3 =

(14) 0.8×0.2 =

(15) 0.2×0.7 =

(16) 0.1×0.1 =

(17) 0.3×0.9 =

(18) 0.9×0.6 =

(19) 0.1×0.4 =

(20) 0.9×0.5 =

(21) 0.3×0.1 =

(22) 0.7×0.2 =

(23) 0.2×0.5 =

(24) 0.6×0.4 =

(25) 0.4×0.2 =

(26) 0.8×0.1 =

(27) 0.5×0.9 =

(28) 0.9×0.9 =

(29) 0.4×0.9 =

(30) 0.6×0.3 =

(31) 0.1×0.2 =

(32) 0.5×0.5 =

(33) 0.3×0.6 =

(34) 0.8×0.4 =

(35) 0.2×0.2 =

(36) 0.7×0.5 =

(37) 0.6×0.7 =

(38) 0.5×0.8 =

(39) 0.3×0.7 =

(40) 0.9×0.1 =

(41) 0.4×0.4 =

(42) 0.7×0.7 =

(43) 0.1×0.9 =

(44) 0.7×0.8 =

(45) 0.8×0.7 =

(46) 0.9×0.8 =

(47) 0.5×0.6 =

(48) 0.4×0.5 =

(49) 0.3×0.8 =

(50) 0.7×0.9 =

(51) 0.2×0.9 =

(52) 0.8×0.8 =

(53) 0.1×0.7 =

(54) 0.6×0.2 =

(55) 0.8×0.5 =

(56) 0.2×0.8 =

(57) 0.6×0.8 =

(58) 0.1×0.5 =

(59) 0.3×0.2 =

(60) 0.7×0.1 =

(61) 0.5×0.3 =

(62) 0.4×0.8 =

(63) 0.9×0.2 =

(64) 0.7×0.3 =

(65) 0.9×0.7 =

(66) 0.1×0.8 =

(67) 0.2×0.3 =

(68) 0.5×0.7 =

(69) 0.4×0.6 =

(70) 0.6×0.1 =

(71) 0.3×0.4 =

(72) 0.8×0.9 =

(73) 0.9×0.3 =

(74) 0.3×0.9 =

(75) 0.6×0.5 =

(76) 0.4×0.7 =

(77) 0.1×0.6 =

(78) 0.8×0.3 =

(79) 0.2×0.4 =

(80) 0.7×0.6 =

(81) 0.7×0.4 =

(82) 0.6×0.3 =

(83) 0.1×0.4 =

(84) 0.9×0.9 =

(85) 0.6×0.5 =

(86) 0.9×0.8 =

(87) 0.8×0.5 =

(88) 0.7×0.3 =

(89) 0.9×0.3 =

(90) 0.2×0.9 =

(91) 0.5×0.4 =

(92) 0.9×0.5 =

(93) 0.4×0.9 =

(94) 0.5×0.8 =

(95) 0.5×0.6 =

(96) 0.2×0.6 =

(97) 0.9×0.7 =

(98) 0.3×0.7 =

(99) 0.1×0.3 =

(100) 0.2×0.1 =

표준 완성 시간 6~7분

부모 확인란

평가 / 오답수 | 아주 잘함:0~2 | 잘함:3~5 | 보통:6~8 | 노력 바람:9~

1. 소수의 곱셈을 하시오.

(1)
```
    9.4
×   3 2
─────
  1 8 8
2 8 2
─────
3 0 0.8
```

(2)
```
    8.4
×   2 4
```

(3)
```
    9.9
×   5 4
```

(4)
```
    4.7
×   3 3
```

(5)
```
    2.9
×   8 7
```

(6)
```
    7.4
×   4 6
```

(7)
```
    3.6
×   9 6
```

(8)
```
    9.9
×   7 3
```

(9)
```
    3.5
×   7 5
```

(10)
```
    6.4
×   2 9
```

(11)
```
    9.7
×   9 8
```

(12)
```
    8.6
×   9 4
```

(13)
```
    6.3
×   6 4
```

(14)
```
    8.5
×   3 7
```

(15)
```
    2.5
×   9 9
```

(16)
```
    7.2
×   5 7
```

2. 소수의 곱셈을 하시오.

(1)
```
    6 3
×   5.4
```

(2)
```
    9 6
×   2.5
```

(3)
```
    5 7
×   3.7
```

(4)
```
    9 8
×   8.5
```

(5)
```
    7 2
×   2.4
```

(6)
```
    4 6
×   9.4
```

(7)
```
    9 9
×   9.6
```

(8)
```
    5 5
×   8.4
```

(9)
```
    4 8
×   6.4
```

(10)
```
    7 4
×   3.9
```

(11)
```
    6 4
×   6.7
```

(12)
```
    9 7
×   7.9
```

(13)
```
    3 7
×   7.5
```

(14)
```
    8 5
×   2.3
```

(15)
```
    7 7
×   3.7
```

(16)
```
    6 6
×   4.9
```

27회 소수의 곱셈 3

□.□×□□, □□×□.□의 계산 (2)

○월 ○일 이름

표준 완성 시간 6~7분

부모 확인란

평가 | 오답수 아주 잘함 : 0~2 | 잘함 : 3~5 | 보통 : 6~8 | 노력 바람 : 9~

1. 소수의 곱셈을 하시오.

(1)
```
    4.8
×   7 4
    1 9 2
  3 3 6
  3 5 5.2
```

(2)
```
    6.5
×   7 8
```

(3)
```
    9.3
×   6 6
```

(4)
```
    6.9
×   9 8
```

(5)
```
    4.7
×   9 6
```

(6)
```
    6.2
×   8 6
```

(7)
```
    3.2
×   4 6
```

(8)
```
    9.8
×   8 3
```

(9)
```
    7.8
×   8 4
```

(10)
```
    3.6
×   9 3
```

(11)
```
    9.8
×   4 9
```

(12)
```
    8.6
×   6 5
```

(13)
```
    8.7
×   4 3
```

(14)
```
    5.8
×   7 4
```

(15)
```
    9.4
×   9 8
```

(16)
```
    9.3
×   5 6
```

2. 소수의 곱셈을 하시오.

(1)
```
    8 4
×   8.6
```

(2)
```
    9 8
×   7.6
```

(3)
```
    5 7
×   4.8
```

(4)
```
    9 7
×   2.3
```

(5)
```
    4 9
×   8.7
```

(6)
```
    7 3
×   5.8
```

(7)
```
    2 7
×   9.3
```

(8)
```
    8 5
×   3.8
```

(9)
```
    9 7
×   3.7
```

(10)
```
    5 4
×   7.6
```

(11)
```
    9 2
×   8.4
```

(12)
```
    6 4
×   6.3
```

(13)
```
    7 9
×   6.2
```

(14)
```
    8 4
×   2.7
```

(15)
```
    6 3
×   4.6
```

(16)
```
    7 3
×   7.5
```

 **28**회 소수의 곱셈 3

□.□×□□, □□×□.□의 계산 (3)

표준 완성 시간 6~7분 부모 확인란

○ 월 ○ 일 이름

평가	😊	😊	😟	😞
오답수	아주 잘함 : 0~2	잘함 : 3~5	보통 : 6~8	노력 바람 : 9~

1. 소수의 곱셈을 하시오.

(1)
```
    5.4
 ×   6 8
 ---------
    4 3 2
  3 2 4
  3 6 7.2
```

(2)
```
    9.2
 ×   9 7
```

(3)
```
    8.3
 ×   1 6
```

(4)
```
    8.5
 ×   7 5
```

(5)
```
    6 6
 × 9.4
```

(6)
```
    3 7
 × 8.6
```

(7)
```
    4 6
 × 5.4
```

(8)
```
    9 2
 × 1.9
```

(9)
```
    8.9
 ×   7 2
```

(10)
```
    7.9
 ×   4 6
```

(11)
```
    5.7
 ×   9 2
```

(12)
```
    7.4
 ×   3 4
```

(13)
```
    3 9
 × 6.5
```

(14)
```
    9 4
 × 5.7
```

(15)
```
    4 4
 × 4.9
```

(16)
```
    6 7
 × 2.7
```

2. 소수의 곱셈을 하시오.

(1)
```
    3.5
 ×   7 9
```

(2)
```
    6.4
 ×   8 3
```

(3)
```
    2.6
 ×   9 6
```

(4)
```
    7.7
 ×   4 9
```

(5)
```
    4 2
 × 7.3
```

(6)
```
    1 5
 × 8.9
```

(7)
```
    7 4
 × 4.7
```

(8)
```
    9 4
 × 3.6
```

(9)
```
    2.9
 ×   4 9
```

(10)
```
    6.9
 ×   2 5
```

(11)
```
    8.2
 ×   8 7
```

(12)
```
    1.8
 ×   6 7
```

(13)
```
    3 8
 × 8.6
```

(14)
```
    7 6
 × 6.3
```

(15)
```
    9 5
 × 5.5
```

(16)
```
    8 4
 × 4.8
```

1. 소수의 곱셈을 하시오.

(1)
```
    9.3
  × 3 5
```

(2)
```
    7.7
  × 5 6
```

(3)
```
    4.8
  × 6 8
```

(4)
```
    9.5
  × 8 3
```

(5)
```
    3 7
  × 8.9
```

(6)
```
    5 4
  × 9.9
```

(7)
```
    7 2
  × 7.8
```

(8)
```
    1 9
  × 9.4
```

(9)
```
    5.8
  × 2 8
```

(10)
```
    9.7
  × 4 4
```

(11)
```
    8.3
  × 6 5
```

(12)
```
    7.6
  × 5 7
```

(13)
```
    4 6
  × 6.7
```

(14)
```
    6 5
  × 9.3
```

(15)
```
    6 9
  × 8.7
```

(16)
```
    8 9
  × 2.4
```

2. 소수의 곱셈을 하시오.

(1)
```
    8.5
  × 7 3
```

(2)
```
    2.9
  × 7 9
```

(3)
```
    7.8
  × 3 2
```

(4)
```
    1.6
  × 8 7
```

(5)
```
    9 7
  × 2.7
```

(6)
```
    9 8
  × 1.4
```

(7)
```
    7 6
  × 7.6
```

(8)
```
    3 6
  × 9.6
```

(9)
```
    4.8
  × 6 5
```

(10)
```
    8.2
  × 9 8
```

(11)
```
    5.9
  × 5 3
```

(12)
```
    7.6
  × 3 4
```

(13)
```
    8 8
  × 4.9
```

(14)
```
    6 3
  × 8.4
```

(15)
```
    9 7
  × 6.5
```

(16)
```
    5 2
  × 6.9
```

1. 소수의 곱셈을 하시오.

(1)
```
    1.9
  × 8.9
  -----
  1 7 1
  1 5 2
  1 6.9 1
```

(2)
```
    3.8
  × 7.9
```

(3)
```
    7.4
  × 7.7
```

(4)
```
    6.7
  × 3.6
```

(5)
```
    2.4
  × 9.3
```

(6)
```
    9.6
  × 6.8
```

(7)
```
    1.7
  × 8.4
```

(8)
```
    4.5
  × 6.3
```

(9)
```
    1.3
  × 9.8
```

(10)
```
    7.5
  × 4.8
```

(11)
```
    6.7
  × 9.7
```

(12)
```
    2.6
  × 9.8
```

(13)
```
    3.5
  × 6.7
```

(14)
```
    1.6
  × 7.8
```

(15)
```
    8.9
  × 6.3
```

(16)
```
    2.9
  × 8.4
```

2. 소수의 곱셈을 하시오.

(1)
```
    7.3
  × 3.9
```

(2)
```
    2.5
  × 9.8
```

(3)
```
    8.9
  × 6.4
```

(4)
```
    3.6
  × 9.7
```

(5)
```
    4.8
  × 2.6
```

(6)
```
    3.4
  × 9.6
```

(7)
```
    8.4
  × 7.5
```

(8)
```
    4.9
  × 6.6
```

(9)
```
    7.9
  × 8.7
```

(10)
```
    6.7
  × 9.8
```

(11)
```
    8.9
  × 6.7
```

(12)
```
    5.9
  × 6.9
```

(13)
```
    7.8
  × 2.8
```

(14)
```
    2.4
  × 6.3
```

(15)
```
    5.3
  × 6.7
```

(16)
```
    6.8
  × 9.6
```

표준 완성 시간 6~7분 **부모 확인란**

평가	😊	😄	😣	😫
오답수	아주 잘함 : 0~2	잘함 : 3~5	보통 : 6~8	노력 바람 : 9~

1. 소수의 곱셈을 하시오.

(1)
```
    7.6
  × 1.9
  ─────
  6 8 4
  7 6
  ─────
  14.44
```

(2)
```
    2.5
  × 7.9
```

(3)
```
    6.9
  × 6.7
```

(4)
```
    8.9
  × 5.2
```

(5)
```
    7.4
  × 7.8
```

(6)
```
    6.7
  × 3.9
```

(7)
```
    9.8
  × 7.9
```

(8)
```
    1.7
  × 8.6
```

(9)
```
    8.7
  × 4.8
```

(10)
```
    9.8
  × 3.8
```

(11)
```
    4.6
  × 9.7
```

(12)
```
    2.9
  × 6.9
```

(13)
```
    3.7
  × 9.6
```

(14)
```
    2.8
  × 9.8
```

(15)
```
    8.3
  × 7.6
```

(16)
```
    1.6
  × 8.4
```

2. 소수의 곱셈을 하시오.

(1)
```
    6.9
  × 9.8
```

(2)
```
    1.9
  × 6.7
```

(3)
```
    7.8
  × 4.7
```

(4)
```
    3.8
  × 3.7
```

(5)
```
    1.4
  × 9.9
```

(6)
```
    6.9
  × 3.6
```

(7)
```
    9.3
  × 2.7
```

(8)
```
    7.8
  × 7.9
```

(9)
```
    9.4
  × 3.9
```

(10)
```
    2.8
  × 8.9
```

(11)
```
    4.7
  × 6.9
```

(12)
```
    6.9
  × 6.9
```

(13)
```
    4.5
  × 3.9
```

(14)
```
    3.9
  × 6.5
```

곱의 소수점의 위치는
곱하는 두 수의
소수점 아래의
자릿수의 합과 같아요.

  **32**회 **소수의 곱셈 3**   □.□×□.□의 계산 (3)

○ 월 ○ 일 이름

표준 완성 시간 6~7분

부모 확인란

평가	😊	😊	😐	😖
오답수	아주 잘함 : 0~2	잘함 : 3~5	보통 : 6~8	노력 바람 : 9~

1. 소수의 곱셈을 하시오.

(1)
```
    8.4
×   2.7
─────
    5 8 8
  1 6 8
  2 2.6 8
```

(2)
```
    9.3
×   3.4
─────
```

(3)
```
    8.6
×   6.9
─────
```

(4)
```
    4.5
×   8.9
─────
```

(5)
```
    9.4
×   7.8
─────
```

(6)
```
    2.9
×   8.9
─────
```

(7)
```
    8.7
×   9.2
─────
```

(8)
```
    9.3
×   9.6
─────
```

(9)
```
    7.7
×   2.7
─────
```

(10)
```
    8.3
×   5.9
─────
```

(11)
```
    6.3
×   8.7
─────
```

(12)
```
    3.9
×   4.6
─────
```

(13)
```
    9.8
×   2.8
─────
```

(14)
```
    7.9
×   8.4
─────
```

(15)
```
    1.8
×   7.5
─────
```

(16)
```
    7.4
×   8.9
─────
```

2. 소수의 곱셈을 하시오.

(1)
```
    1.7
×   9.8
─────
```

(2)
```
    8.9
×   5.5
─────
```

(3)
```
    2.9
×   6.8
─────
```

(4)
```
    7.9
×   9.7
─────
```

(5)
```
    1.9
×   7.9
─────
```

(6)
```
    6.7
×   3.6
─────
```

(7)
```
    9.4
×   5.9
─────
```

(8)
```
    3.6
×   4.6
─────
```

(9)
```
    6.3
×   6.4
─────
```

(10)
```
    6.9
×   8.3
─────
```

(11)
```
    1.5
×   9.8
─────
```

(12)
```
    6.8
×   3.5
─────
```

(13)
```
    5.5
×   9.7
─────
```

(14)
```
    6.8
×   6.9
─────
```

(15)
```
    4.8
×   7.3
─────
```

(16)
```
    1.6
×   8.8
─────
```

○월 ○일 이름

표준 완성 시간 6~7분

부모 확인란

평가	☺	☺	☺	☺
오답수	아주 잘함 : 0~2	잘함 : 3~5	보통 : 6~8	노력 바람 : 9~

1. 소수의 곱셈을 하시오.

(1)
```
    5.8
×   5.9
─────
  5 2 2
2 9 0
─────
3 4.2 2
```

(2)
```
    1.9
×   7.9
```

(3)
```
    3.5
×   6.8
```

(4)
```
    7.6
×   4.8
```

(5)
```
    4.9
×   3.9
```

(6)
```
    8.7
×   7.6
```

(7)
```
    1.8
×   9.6
```

(8)
```
    9.8
×   2.9
```

(9)
```
    9.4
×   6.8
```

(10)
```
    7.8
×   7.6
```

(11)
```
    7.7
×   4.7
```

(12)
```
    9.3
×   3.8
```

(13)
```
    2.5
×   4.9
```

(14)
```
    6.7
×   3.6
```

(15)
```
    9.2
×   2.6
```

(16)
```
    9.8
×   8.9
```

2. 소수의 곱셈을 하시오.

(1)
```
    9.7
×   4.7
```

(2)
```
    6.3
×   9.9
```

(3)
```
    4.6
×   3.4
```

(4)
```
    8.6
×   7.6
```

(5)
```
    3.5
×   3.9
```

(6)
```
    4.8
×   5.4
```

(7)
```
    8.9
×   7.8
```

(8)
```
    1.3
×   9.8
```

(9)
```
    5.6
×   7.8
```

(10)
```
    8.7
×   1.6
```

(11)
```
    6.8
×   3.5
```

(12)
```
    9.6
×   8.9
```

(13)
```
    6.7
×   1.8
```

(14)
```
    8.3
×   9.3
```

(15)
```
    3.8
×   5.7
```

(16)
```
    2.8
×   4.9
```

1. 소수의 곱셈을 하시오.

(1)
```
      4.3
  ×   8.7
  ─────────
    3 0 1
  3 4 4
  3 7.4 1
```

(2)
```
      3.2
  ×   9.8
```

(3)
```
      2.7
  ×   4.9
```

(4)
```
      7.6
  ×   2.8
```

(5)
```
      3.9
  ×   4.3
```

(6)
```
      8.7
  ×   6.7
```

(7)
```
      9.8
  ×   7.8
```

(8)
```
      6.2
  ×   8.9
```

(9)
```
      1.6
  ×   9.7
```

(10)
```
      9.4
  ×   7.9
```

(11)
```
      8.3
  ×   6.8
```

(12)
```
      9.6
  ×   2.8
```

(13)
```
      6.9
  ×   8.3
```

(14)
```
      8.5
  ×   2.9
```

(15)
```
      3.6
  ×   3.6
```

(16)
```
      5.8
  ×   9.5
```

2. 소수의 곱셈을 하시오.

(1)
```
      1.9
  ×   9.7
```

(2)
```
      9.3
  ×   3.7
```

(3)
```
      9.4
  ×   2.8
```

(4)
```
      8.5
  ×   4.4
```

(5)
```
      4.7
  ×   8.7
```

(6)
```
      7.8
  ×   7.9
```

(7)
```
      8.9
  ×   6.8
```

(8)
```
      5.2
  ×   4.5
```

(9)
```
      8.6
  ×   6.7
```

(10)
```
      4.9
  ×   2.5
```

(11)
```
      8.4
  ×   6.9
```

(12)
```
      9.6
  ×   2.9
```

(13)
```
      2.7
  ×   5.9
```

(14)
```
      6.7
  ×   3.9
```

(15)
```
      5.8
  ×   9.7
```

(16)
```
      2.6
  ×   7.4
```

표준 완성 시간 5~6분　부모 확인란

평가	😊	😀	😟	😫
오답수	아주 잘함 : 0~3	잘함 : 4~6	보통 : 7~9	노력 바람 : 10~

✻ 소수의 나눗셈을 하시오. (2÷4와 3÷5와 같은 유형은 2.0÷4와 3.0÷5와 같이 생각하여 계산합니다.)

(1) $4.9 \div 7 = \underline{0.7}$

(2) $0.4 \div 1 = \underline{\quad}$

(3) $4.2 \div 6 = \underline{\quad}$

(4) $2.1 \div 7 = \underline{\quad}$

(5) $0.8 \div 1 = \underline{\quad}$

(6) $2.4 \div 6 = \underline{\quad}$

(7) $0.2 \div 1 = \underline{\quad}$

(8) $0.6 \div 6 = \underline{\quad}$

(9) $2 \div 4 = \underline{\quad}$

(10) $2.5 \div 5 = \underline{\quad}$

(11) $0.4 \div 2 = \underline{\quad}$

(12) $5.4 \div 6 = \underline{\quad}$

(13) $2.4 \div 8 = \underline{\quad}$

(14) $2.1 \div 7 = \underline{\quad}$

(15) $0.9 \div 9 = \underline{\quad}$

(16) $0.6 \div 1 = \underline{\quad}$

(17) $1.2 \div 4 = \underline{\quad}$

(18) $0.9 \div 3 = \underline{\quad}$

(19) $4.5 \div 5 = \underline{\quad}$

(20) $0.5 \div 1 = \underline{\quad}$

(21) $2.8 \div 4 = \underline{\quad}$

(22) $6.3 \div 9 = \underline{\quad}$

(23) $1.5 \div 5 = \underline{\quad}$

(24) $3.2 \div 4 = \underline{\quad}$

(25) $1.2 \div 6 = \underline{\quad}$

(26) $0.5 \div 5 = \underline{\quad}$

(27) $1.8 \div 6 = \underline{\quad}$

(28) $5.6 \div 7 = \underline{\quad}$

(29) $7.2 \div 8 = \underline{\quad}$

(30) $3.5 \div 7 = \underline{\quad}$

(31) $0.8 \div 2 = \underline{\quad}$

(32) $2.4 \div 4 = \underline{\quad}$

(33) $4.9 \div 7 = \underline{\quad}$

(34) $1.5 \div 3 = \underline{\quad}$

(35) $0.3 \div 1 = \underline{\quad}$

(36) $2.7 \div 3 = \underline{\quad}$

(37) $0.7 \div 7 = \underline{\quad}$

(38) $4.8 \div 8 = \underline{\quad}$

(39) $7.2 \div 9 = \underline{\quad}$

(40) $1.2 \div 2 = \underline{\quad}$

(41) $1.2 \div 3 = \underline{\quad}$

(42) $0.1 \div 1 = \underline{\quad}$

(43) $1 \div 2 = \underline{\quad}$

(44) $2.7 \div 9 = \underline{\quad}$

(45) $1.6 \div 2 = \underline{\quad}$

(46) $2.1 \div 3 = \underline{\quad}$

(47) $6.3 \div 7 = \underline{\quad}$

(48) $1.6 \div 4 = \underline{\quad}$

(49) $4.2 \div 6 = \underline{\quad}$

(50) $0.6 \div 1 = \underline{\quad}$

(51) $1.2 \div 4 = \underline{\quad}$

(52) $2.1 \div 7 = \underline{\quad}$

(53) $3.2 \div 8 = \underline{\quad}$

(54) $3 \div 6 = \underline{\quad}$

(55) $1.8 \div 9 = \underline{\quad}$

(56) $0.3 \div 3 = \underline{\quad}$

(57) $4.5 \div 9 = \underline{\quad}$

(58) $5.6 \div 8 = \underline{\quad}$

(59) $0.9 \div 1 = \underline{\quad}$

(60) $4.2 \div 7 = \underline{\quad}$

(61) $4 \div 8 = \underline{\quad}$

(62) $5.4 \div 9 = \underline{\quad}$

(63) $0.1 \div 1 = \underline{\quad}$

(64) $2.4 \div 6 = \underline{\quad}$

(65) $0.8 \div 8 = \underline{\quad}$

(66) $4.8 \div 6 = \underline{\quad}$

(67) $3.6 \div 9 = \underline{\quad}$

(68) $0.6 \div 2 = \underline{\quad}$

(69) $3.6 \div 4 = \underline{\quad}$

(70) $0.2 \div 2 = \underline{\quad}$

(71) $1.6 \div 8 = \underline{\quad}$

(72) $2.4 \div 3 = \underline{\quad}$

(73) $0.4 \div 1 = \underline{\quad}$

(74) $1.5 \div 3 = \underline{\quad}$

(75) $4.5 \div 5 = \underline{\quad}$

(76) $8.1 \div 9 = \underline{\quad}$

(77) $6.4 \div 8 = \underline{\quad}$

(78) $0.4 \div 4 = \underline{\quad}$

(79) $0.4 \div 2 = \underline{\quad}$

(80) $0.5 \div 5 = \underline{\quad}$

(81) $4.8 \div 8 = \underline{\quad}$

(82) $1.4 \div 2 = \underline{\quad}$

(83) $6.3 \div 9 = \underline{\quad}$

(84) $2.7 \div 3 = \underline{\quad}$

(85) $1.8 \div 2 = \underline{\quad}$

(86) $0.4 \div 4 = \underline{\quad}$

(87) $3.5 \div 5 = \underline{\quad}$

(88) $3.6 \div 6 = \underline{\quad}$

(89) $2.8 \div 7 = \underline{\quad}$

(90) $7.2 \div 9 = \underline{\quad}$

(91) $2.8 \div 4 = \underline{\quad}$

(92) $1.8 \div 3 = \underline{\quad}$

(93) $1.4 \div 7 = \underline{\quad}$

(94) $1.4 \div 2 = \underline{\quad}$

몫의 소수점은 나누어지는 수의 소수점의 자리에 맞추어 찍으세요.

0.□÷□,
□.□÷□의 계산 (2)

○월 ○일 이름

표준 완성 시간 5~6분 | 부모 확인란

평가	😊	😊	😣	😫
오답수	아주 잘함 : 0~3	잘함 : 4~6	보통 : 7~9	노력 바람 : 10~

✽ 소수의 나눗셈을 하시오. (2÷4와 3÷5와 같은 유형은 2.0÷4와 3.0÷5와 같이 생각하여 계산합니다.)

(1) $4.8 \div 6 = 0.8$

(2) $1.8 \div 3 =$

(3) $6.4 \div 8 =$

(4) $2.5 \div 5 =$

(5) $0.6 \div 1 =$

(6) $8.1 \div 9 =$

(7) $4.2 \div 7 =$

(8) $1.5 \div 5 =$

(9) $2.1 \div 3 =$

(10) $4.8 \div 8 =$

(11) $7.2 \div 9 =$

(12) $0.4 \div 2 =$

(13) $0.3 \div 1 =$

(14) $0.5 \div 5 =$

(15) $1.6 \div 2 =$

(16) $1.5 \div 3 =$

(17) $5.6 \div 8 =$

(18) $2.1 \div 7 =$

(19) $1 \div 2 =$

(20) $0.4 \div 4 =$

(21) $0.9 \div 9 =$

(22) $1.2 \div 2 =$

(23) $3.5 \div 7 =$

(24) $0.9 \div 1 =$

(25) $2 \div 4 =$

(26) $6.3 \div 9 =$

(27) $3 \div 6 =$

(28) $5.4 \div 9 =$

(29) $2.4 \div 3 =$

(30) $3.5 \div 5 =$

(31) $0.5 \div 1 =$

(32) $0.6 \div 2 =$

(33) $0.6 \div 6 =$

(34) $1.5 \div 5 =$

(35) $1.2 \div 4 =$

(36) $1.4 \div 2 =$

(37) $3.2 \div 4 =$

(38) $5.4 \div 6 =$

(39) $0.6 \div 3 =$

(40) $2.5 \div 5 =$

(41) $2.8 \div 7 =$

(42) $1.6 \div 4 =$

(43) $1.8 \div 9 =$

(44) $0.1 \div 1 =$

(45) $7.2 \div 8 =$

(46) $6.3 \div 7 =$

(47) $7.2 \div 9 =$

(48) $4.5 \div 5 =$

(49) $1.8 \div 6 =$

(50) $2.4 \div 4 =$

(51) $1.6 \div 8 =$

(52) $4.2 \div 7 =$

(53) $1.2 \div 2 =$

(54) $3.5 \div 5 =$

(55) $4.5 \div 9 =$

(56) $5.6 \div 8 =$

(57) $3.6 \div 6 =$

(58) $0.7 \div 1 =$

(59) $0.8 \div 4 =$

(60) $1.2 \div 6 =$

(61) $3.2 \div 8 =$

(62) $2.5 \div 5 =$

(63) $1.2 \div 3 =$

(64) $5.6 \div 7 =$

(65) $2.7 \div 9 =$

(66) $2.7 \div 3 =$

(67) $0.8 \div 1 =$

(68) $5.4 \div 9 =$

(69) $4.9 \div 7 =$

(70) $0.6 \div 6 =$

(71) $0.4 \div 1 =$

(72) $0.7 \div 7 =$

(73) $3.6 \div 4 =$

(74) $0.2 \div 2 =$

(75) $4.8 \div 6 =$

(76) $2.8 \div 4 =$

(77) $2.1 \div 7 =$

(78) $0.3 \div 3 =$

(79) $1.6 \div 2 =$

(80) $2.4 \div 4 =$

(81) $6.3 \div 9 =$

(82) $2.4 \div 3 =$

(83) $3.2 \div 4 =$

(84) $2.4 \div 6 =$

(85) $0.2 \div 1 =$

(86) $1.2 \div 4 =$

(87) $4.2 \div 6 =$

(88) $0.9 \div 3 =$

(89) $7.2 \div 9 =$

(90) $2.8 \div 7 =$

(91) $4.8 \div 8 =$

(92) $1.8 \div 2 =$

(93) $1.4 \div 7 =$

(94) $2.4 \div 8 =$

(95) $3.5 \div 5 =$

(96) $0.9 \div 1 =$

(97) $5.4 \div 6 =$

(98) $3.6 \div 9 =$

(99) $0.8 \div 8 =$

(100) $1.8 \div 6 =$

✱ 소수의 나눗셈을 하시오. (2÷4와 3÷5와 같은 유형은 2.0÷4와 3.0÷5와 같이 생각하여 계산합니다.)

(1) $0.8 \div 2 = \underline{0.4}$

(2) $1.6 \div 4 =$ ____

(3) $1.8 \div 9 =$ ____

(4) $1.8 \div 6 =$ ____

(5) $0.8 \div 1 =$ ____

(6) $2.1 \div 7 =$ ____

(7) $5.4 \div 6 =$ ____

(8) $0.9 \div 9 =$ ____

(9) $4 \div 8 =$ ____

(10) $3.5 \div 7 =$ ____

(11) $0.6 \div 2 =$ ____

(12) $3.5 \div 5 =$ ____

(13) $2.1 \div 3 =$ ____

(14) $2.4 \div 4 =$ ____

(15) $2.7 \div 3 =$ ____

(16) $3.2 \div 8 =$ ____

(17) $0.6 \div 1 =$ ____

(18) $4.5 \div 5 =$ ____

(19) $2.4 \div 3 =$ ____

(20) $3.2 \div 4 =$ ____

(21) $2.7 \div 9 =$ ____

(22) $0.9 \div 1 =$ ____

(23) $0.8 \div 4 =$ ____

(24) $0.6 \div 3 =$ ____

(25) $3 \div 6 =$ ____

(26) $3.6 \div 4 =$ ____

(27) $0.8 \div 8 =$ ____

(28) $7.2 \div 9 =$ ____

(29) $3.2 \div 4 =$ ____

(30) $0.9 \div 3 =$ ____

(31) $2.8 \div 4 =$ ____

(32) $4.9 \div 7 =$ ____

(33) $0.7 \div 1 =$ ____

(34) $4.5 \div 9 =$ ____

(35) $7.2 \div 8 =$ ____

(36) $6.4 \div 8 =$ ____

(37) $2.4 \div 6 =$ ____

(38) $1.4 \div 2 =$ ____

(39) $5.4 \div 9 =$ ____

(40) $4.2 \div 6 =$ ____

(41) $1.6 \div 8 =$ ____

(42) $4.8 \div 6 =$ ____

(43) $2.8 \div 7 =$ ____

(44) $1.2 \div 3 =$ ____

(45) $4.2 \div 6 =$ ____

(46) $2.7 \div 3 =$ ____

(47) $4.2 \div 7 =$ ____

(48) $2.1 \div 3 =$ ____

(49) $1 \div 2 =$ ____

(50) $1.5 \div 5 =$ ____

(51) $5.6 \div 7 =$ ____

(52) $3.6 \div 4 =$ ____

(53) $1.8 \div 3 =$ ____

(54) $8.1 \div 9 =$ ____

(55) $0.7 \div 7 =$ ____

(56) $2.4 \div 8 =$ ____

(57) $0.5 \div 1 =$ ____

(58) $5.6 \div 7 =$ ____

(59) $4.8 \div 8 =$ ____

(60) $2.8 \div 7 =$ ____

(61) $6.3 \div 9 =$ ____

(62) $6.4 \div 8 =$ ____

(63) $0.3 \div 3 =$ ____

(64) $2.4 \div 6 =$ ____

(65) $1.2 \div 4 =$ ____

(66) $1.8 \div 6 =$ ____

(67) $4.8 \div 8 =$ ____

(68) $4.9 \div 7 =$ ____

(69) $3.6 \div 6 =$ ____

(70) $2.8 \div 4 =$ ____

(71) $1.6 \div 4 =$ ____

(72) $1.6 \div 2 =$ ____

(73) $0.2 \div 2 =$ ____

(74) $5.6 \div 8 =$ ____

(75) $5.4 \div 9 =$ ____

(76) $1.6 \div 4 =$ ____

(77) $5.6 \div 8 =$ ____

(78) $7.2 \div 9 =$ ____

(79) $2.5 \div 5 =$ ____

(80) $3.6 \div 6 =$ ____

(81) $1.8 \div 2 =$ ____

(82) $1 \div 5 =$ ____

(83) $0.9 \div 3 =$ ____

(84) $1.4 \div 7 =$ ____

(85) $7.2 \div 8 =$ ____

(86) $1.2 \div 6 =$ ____

(87) $3.6 \div 9 =$ ____

(88) $6.3 \div 7 =$ ____

(89) $4 \div 5 =$ ____

(90) $2 \div 5 =$ ____

(91) $1.2 \div 3 =$ ____

(92) $1.2 \div 2 =$ ____

(93) $6.3 \div 7 =$ ____

(94) $2 \div 4 =$ ____

(95) $2.1 \div 7 =$ ____

(96) $4.8 \div 8 =$ ____

(97) $0.6 \div 6 =$ ____

(98) $1.8 \div 3 =$ ____

(99) $3 \div 5 =$ ____

(100) $2 \div 4 =$ ____

 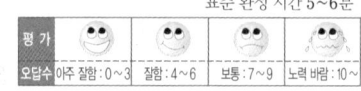

표준 완성 시간 5~6분

�./ 소수의 나눗셈을 하시오. (2÷4와 3÷5와 같은 유형은 2.0÷4와 3.0÷5와 같이 생각하여 계산합니다.)

(1) $1.6 \div 8 = \underline{0.2}$

(2) $1.8 \div 6 =$ _____

(3) $2.8 \div 7 =$ _____

(4) $0.9 \div 3 =$ _____

(5) $6.4 \div 8 =$ _____

(6) $1.5 \div 3 =$ _____

(7) $5.4 \div 9 =$ _____

(8) $2.5 \div 5 =$ _____

(9) $4.2 \div 7 =$ _____

(10) $3.6 \div 6 =$ _____

(11) $3.2 \div 4 =$ _____

(12) $6.3 \div 7 =$ _____

(13) $1.6 \div 4 =$ _____

(14) $3.6 \div 9 =$ _____

(15) $2.4 \div 6 =$ _____

(16) $2.7 \div 3 =$ _____

(17) $0.7 \div 7 =$ _____

(18) $4.8 \div 8 =$ _____

(19) $1.5 \div 3 =$ _____

(20) $8.1 \div 9 =$ _____

(21) $4.8 \div 6 =$ _____

(22) $5.6 \div 7 =$ _____

(23) $1 \div 5 =$ _____

(24) $3 \div 5 =$ _____

(25) $6.3 \div 9 =$ _____

(26) $5.4 \div 6 =$ _____

(27) $2.1 \div 7 =$ _____

(28) $4.5 \div 5 =$ _____

(29) $0.8 \div 1 =$ _____

(30) $1.8 \div 3 =$ _____

(31) $1.8 \div 2 =$ _____

(32) $4.2 \div 6 =$ _____

(33) $5.6 \div 8 =$ _____

(34) $5.4 \div 9 =$ _____

(35) $2.7 \div 9 =$ _____

(36) $0.8 \div 4 =$ _____

(37) $7.2 \div 8 =$ _____

(38) $1.8 \div 6 =$ _____

(39) $2.4 \div 3 =$ _____

(40) $4 \div 8 =$ _____

(41) $2.1 \div 3 =$ _____

(42) $5.4 \div 9 =$ _____

(43) $3.2 \div 8 =$ _____

(44) $4.9 \div 7 =$ _____

(45) $0.6 \div 6 =$ _____

(46) $1.2 \div 3 =$ _____

(47) $3 \div 6 =$ _____

(48) $2.4 \div 8 =$ _____

(49) $4 \div 5 =$ _____

(50) $1.4 \div 7 =$ _____

(51) $7.2 \div 9 =$ _____

(52) $3.5 \div 7 =$ _____

(53) $1.5 \div 3 =$ _____

(54) $4.2 \div 7 =$ _____

(55) $2.7 \div 3 =$ _____

(56) $4.5 \div 9 =$ _____

(57) $1.8 \div 6 =$ _____

(58) $0.7 \div 1 =$ _____

(59) $1.2 \div 6 =$ _____

(60) $2 \div 5 =$ _____

(61) $2.4 \div 8 =$ _____

(62) $2 \div 4 =$ _____

(63) $1.4 \div 2 =$ _____

(64) $6.4 \div 8 =$ _____

(65) $4.2 \div 6 =$ _____

(66) $4 \div 5 =$ _____

(67) $4.8 \div 8 =$ _____

(68) $2.4 \div 4 =$ _____

(69) $4.5 \div 5 =$ _____

(70) $6.3 \div 9 =$ _____

(71) $4.8 \div 6 =$ _____

(72) $1.2 \div 4 =$ _____

(73) $4 \div 8 =$ _____

(74) $0.6 \div 3 =$ _____

(75) $6.3 \div 7 =$ _____

(76) $1.2 \div 3 =$ _____

(77) $7.2 \div 8 =$ _____

(78) $2.4 \div 3 =$ _____

(79) $1.6 \div 8 =$ _____

(80) $2.5 \div 5 =$ _____

(81) $3.2 \div 4 =$ _____

(82) $0.9 \div 9 =$ _____

(83) $5.4 \div 6 =$ _____

(84) $5.6 \div 7 =$ _____

(85) $1 \div 2 =$ _____

(86) $5.6 \div 8 =$ _____

(87) $1.6 \div 2 =$ _____

(88) $2.8 \div 4 =$ _____

(89) $2.7 \div 9 =$ _____

(90) $3.6 \div 6 =$ _____

(91) $3.5 \div 7 =$ _____

(92) $1.8 \div 3 =$ _____

(93) $1.5 \div 5 =$ _____

(94) $0.9 \div 3 =$ _____

(95) $3.5 \div 5 =$ _____

(96) $3.6 \div 9 =$ _____

(97) $3.6 \div 4 =$ _____

(98) $1.8 \div 9 =$ _____

(99) $1.2 \div 2 =$ _____

(100) $2.4 \div 6 =$ _____

표준 완성 시간 5~6분 | 부모 확인란

평가	😊	😊	😞	😫
오답수	아주 잘함 : 0~3	잘함 : 4~6	보통 : 7~9	노력 바람 : 10~

✽ 소수의 나눗셈을 하시오. (2÷4와 3÷5와 같은 유형은 2.0÷4와 3.0÷5와 같이 생각하여 계산합니다.)

(1) 6.3÷9 = 0.7

(2) 2.1÷7 =

(3) 4.2÷6 =

(4) 1.6÷4 =

(5) 0.3÷3 =

(6) 4.8÷6 =

(7) 3.2÷4 =

(8) 1.5÷5 =

(9) 4.2÷7 =

(10) 5.6÷8 =

(11) 2.4÷6 =

(12) 4.2÷6 =

(13) 1.2÷3 =

(14) 1.8÷6 =

(15) 2.8÷4 =

(16) 2.4÷3 =

(17) 2.7÷9 =

(18) 7.2÷8 =

(19) 3÷5 =

(20) 3.6÷6 =

(21) 8.1÷9 =

(22) 1.2÷2 =

(23) 2÷4 =

(24) 2.8÷7 =

(25) 1.5÷3 =

(26) 7.2÷9 =

(27) 2.7÷3 =

(28) 6.4÷8 =

(29) 0.3÷1 =

(30) 0.4÷2 =

(31) 4.9÷7 =

(32) 1.6÷8 =

(33) 5.4÷9 =

(34) 2.1÷3 =

(35) 3.6÷9 =

(36) 0.7÷7 =

(37) 5.4÷6 =

(38) 1.2÷4 =

(39) 0.6÷1 =

(40) 3.5÷5 =

(41) 2.4÷8 =

(42) 2÷5 =

(43) 3.6÷6 =

(44) 0.6÷3 =

(45) 4÷5 =

(46) 0.7÷1 =

(47) 5.6÷7 =

(48) 3.2÷8 =

(49) 0.6÷2 =

(50) 1.8÷9 =

(51) 2.1÷3 =

(52) 1÷5 =

(53) 1.8÷6 =

(54) 0.9÷9 =

(55) 6.3÷7 =

(56) 4.5÷5 =

(57) 1.6÷2 =

(58) 4.5÷9 =

(59) 2.4÷4 =

(60) 4.8÷8 =

(61) 3.6÷9 =

(62) 1.6÷8 =

(63) 1.4÷7 =

(64) 3.2÷8 =

(65) 0.4÷4 =

(66) 2.5÷5 =

(67) 3÷6 =

(68) 0.9÷3 =

(69) 1÷2 =

(70) 4÷8 =

(71) 4.2÷6 =

(72) 4.2÷7 =

(73) 4.8÷6 =

(74) 1.8÷2 =

(75) 5.6÷8 =

(76) 1.8÷3 =

(77) 0.8÷4 =

(78) 8.1÷9 =

(79) 2.8÷7 =

(80) 6.4÷8 =

(81) 5.4÷9 =

(82) 5.4÷6 =

(83) 1.4÷2 =

(84) 1.8÷3 =

(85) 3.6÷4 =

(86) 0.8÷2 =

(87) 0.9÷1 =

(88) 6.3÷9 =

(89) 4.9÷7 =

(90) 7.2÷9 =

(91) 0.2÷2 =

(92) 2.4÷4 =

(93) 7.2÷8 =

(94) 2.7÷9 =

(95) 2.1÷7 =

(96) 2.8÷4 =

(97) 4.8÷8 =

(98) 3.5÷7 =

(99) 2.4÷8 =

(100) 5.6÷7 =

✱ 나눗셈의 몫을 소수 첫째 자리까지 구하고, 나머지도 알아 보시오.

(1) $5.4 \div 8 = $ 0.6 ⋯ 0.6

(2) $2.2 \div 5 = $ ⋯

(3) $8.3 \div 9 = $ ⋯

(4) $2.8 \div 6 = $ ⋯

(5) $1.5 \div 4 = $ ⋯

(6) $3.9 \div 7 = $ ⋯

(7) $1.5 \div 6 = $ ⋯

(8) $2.4 \div 7 = $ ⋯

(9) $0.8 \div 3 = $ ⋯

(10) $6.8 \div 9 = $ ⋯

(11) $3.3 \div 5 = $ ⋯

(12) $2.7 \div 5 = $ ⋯

(13) $5.9 \div 8 = $ ⋯

(14) $1.1 \div 6 = $ ⋯

(15) $1.7 \div 7 = $ ⋯

(16) $4.7 \div 6 = $ ⋯

(17) $3.7 \div 8 = $ ⋯

(18) $4.1 \div 7 = $ ⋯

(19) $0.5 \div 4 = $ ⋯

(20) $5.6 \div 6 = $ ⋯

(21) $1.9 \div 8 = $ ⋯

(22) $2.4 \div 5 = $ ⋯

(23) $2.5 \div 3 = $ ⋯

(24) $4.1 \div 5 = $ ⋯

(25) $1.7 \div 2 = $ ⋯

(26) $3.3 \div 8 = $ ⋯

(27) $7.4 \div 9 = $ ⋯

(28) $7.3 \div 8 = $ ⋯

(29) $6.7 \div 9 = $ ⋯

(30) $4.4 \div 6 = $ ⋯

(31) $4.3 \div 7 = $ ⋯

(32) $1.9 \div 4 = $ ⋯

(33) $4.7 \div 9 = $ ⋯

(34) $5.9 \div 6 = $ ⋯

(35) $3.1 \div 8 = $ ⋯

(36) $4.6 \div 9 = $ ⋯

(37) $2.2 \div 4 = $ ⋯

(38) $1.3 \div 2 = $ ⋯

(39) $4.5 \div 8 = $ ⋯

(40) $6.5 \div 7 = $ ⋯

(41) $2.6 \div 3 = $ ⋯

(42) $5.8 \div 7 = $ ⋯

(43) $3.2 \div 5 = $ ⋯

(44) $4.8 \div 7 = $ ⋯

(45) $3.8 \div 4 = $ ⋯

(46) $3.5 \div 8 = $ ⋯

(47) $5.8 \div 9 = $ ⋯

(48) $1.9 \div 8 = $ ⋯

(49) $1.4 \div 5 = $ ⋯

(50) $2.5 \div 4 = $ ⋯

(51) $1.4 \div 8 = $ ⋯

(52) $0.7 \div 2 = $ ⋯

(53) $3.8 \div 6 = $ ⋯

(54) $4.2 \div 5 = $ ⋯

(55) $1.3 \div 9 = $ ⋯

(56) $2.5 \div 6 = $ ⋯

(57) $6.4 \div 7 = $ ⋯

(58) $0.8 \div 3 = $ ⋯

(59) $2.8 \div 9 = $ ⋯

(60) $0.9 \div 7 = $ ⋯

표준 완성 시간 6~7분 | 부모 확인란

평 가 | 오답수 아주 잘함 : 0~3 | 잘함 : 4~6 | 보통 : 7~9 | 노력 바람 : 10~

✱ 나눗셈의 몫을 소수 첫째 자리까지 구하고, 나머지도 알아 보시오.

(1) $2.9 \div 4 = 0.7 \cdots 0.1$

(2) $6.7 \div 9 = \underline{\qquad} \cdots \underline{\qquad}$

(3) $4.7 \div 6 = \underline{\qquad} \cdots \underline{\qquad}$

(4) $8.4 \div 9 = \underline{\qquad} \cdots \underline{\qquad}$

(5) $2.2 \div 7 = \underline{\qquad} \cdots \underline{\qquad}$

(6) $1.2 \div 8 = \underline{\qquad} \cdots \underline{\qquad}$

(7) $4.1 \div 5 = \underline{\qquad} \cdots \underline{\qquad}$

(8) $1.9 \div 6 = \underline{\qquad} \cdots \underline{\qquad}$

(9) $1.7 \div 4 = \underline{\qquad} \cdots \underline{\qquad}$

(10) $6.6 \div 8 = \underline{\qquad} \cdots \underline{\qquad}$

(11) $3.4 \div 6 = \underline{\qquad} \cdots \underline{\qquad}$

(12) $1.5 \div 7 = \underline{\qquad} \cdots \underline{\qquad}$

(13) $0.8 \div 3 = \underline{\qquad} \cdots \underline{\qquad}$

(14) $0.7 \div 5 = \underline{\qquad} \cdots \underline{\qquad}$

(15) $8.5 \div 9 = \underline{\qquad} \cdots \underline{\qquad}$

(16) $2.7 \div 6 = \underline{\qquad} \cdots \underline{\qquad}$

(17) $3.8 \div 9 = \underline{\qquad} \cdots \underline{\qquad}$

(18) $4.7 \div 5 = \underline{\qquad} \cdots \underline{\qquad}$

(19) $6.6 \div 7 = \underline{\qquad} \cdots \underline{\qquad}$

(20) $1.1 \div 4 = \underline{\qquad} \cdots \underline{\qquad}$

(21) $6.8 \div 9 = \underline{\qquad} \cdots \underline{\qquad}$

(22) $4.2 \div 8 = \underline{\qquad} \cdots \underline{\qquad}$

(23) $2.6 \div 3 = \underline{\qquad} \cdots \underline{\qquad}$

(24) $3.1 \div 7 = \underline{\qquad} \cdots \underline{\qquad}$

(25) $1.9 \div 4 = \underline{\qquad} \cdots \underline{\qquad}$

(26) $2.8 \div 5 = \underline{\qquad} \cdots \underline{\qquad}$

(27) $3.1 \div 7 = \underline{\qquad} \cdots \underline{\qquad}$

(28) $1.9 \div 2 = \underline{\qquad} \cdots \underline{\qquad}$

(29) $2.6 \div 6 = \underline{\qquad} \cdots \underline{\qquad}$

(30) $4.5 \div 8 = \underline{\qquad} \cdots \underline{\qquad}$

(31) $1.3 \div 3 = \underline{\qquad} \cdots \underline{\qquad}$

(32) $3.3 \div 6 = \underline{\qquad} \cdots \underline{\qquad}$

(33) $4.4 \div 8 = \underline{\qquad} \cdots \underline{\qquad}$

(34) $6.5 \div 7 = \underline{\qquad} \cdots \underline{\qquad}$

(35) $3.9 \div 4 = \underline{\qquad} \cdots \underline{\qquad}$

(36) $7.7 \div 9 = \underline{\qquad} \cdots \underline{\qquad}$

(37) $4.5 \div 6 = \underline{\qquad} \cdots \underline{\qquad}$

(38) $6.5 \div 8 = \underline{\qquad} \cdots \underline{\qquad}$

(39) $3.9 \div 9 = \underline{\qquad} \cdots \underline{\qquad}$

(40) $2.3 \div 7 = \underline{\qquad} \cdots \underline{\qquad}$

(41) $1.4 \div 5 = \underline{\qquad} \cdots \underline{\qquad}$

(42) $2.7 \div 8 = \underline{\qquad} \cdots \underline{\qquad}$

(43) $5.5 \div 9 = \underline{\qquad} \cdots \underline{\qquad}$

(44) $3.9 \div 7 = \underline{\qquad} \cdots \underline{\qquad}$

(45) $0.9 \div 5 = \underline{\qquad} \cdots \underline{\qquad}$

(46) $2.6 \div 7 = \underline{\qquad} \cdots \underline{\qquad}$

(47) $3.8 \div 6 = \underline{\qquad} \cdots \underline{\qquad}$

(48) $2.9 \div 9 = \underline{\qquad} \cdots \underline{\qquad}$

(49) $0.3 \div 2 = \underline{\qquad} \cdots \underline{\qquad}$

(50) $1.6 \div 6 = \underline{\qquad} \cdots \underline{\qquad}$

(51) $6.1 \div 8 = \underline{\qquad} \cdots \underline{\qquad}$

(52) $2.3 \div 5 = \underline{\qquad} \cdots \underline{\qquad}$

(53) $5.3 \div 9 = \underline{\qquad} \cdots \underline{\qquad}$

(54) $2.5 \div 7 = \underline{\qquad} \cdots \underline{\qquad}$

(55) $2.3 \div 3 = \underline{\qquad} \cdots \underline{\qquad}$

(56) $4.4 \div 7 = \underline{\qquad} \cdots \underline{\qquad}$

(57) $3.6 \div 5 = \underline{\qquad} \cdots \underline{\qquad}$

(58) $1.3 \div 4 = \underline{\qquad} \cdots \underline{\qquad}$

(59) $7.4 \div 8 = \underline{\qquad} \cdots \underline{\qquad}$

(60) $3.1 \div 5 = \underline{\qquad} \cdots \underline{\qquad}$

소수의 나눗셈 1

□.□÷□의 계산 〈나머지 있음〉 (3)

월 일 이름

표준 완성 시간 6~7분

평가				
오답수	아주 잘함 : 0~3	잘함 : 4~6	보통 : 7~9	노력 바람 : 10~

부모 확인란

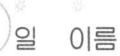

✲ 나눗셈의 몫을 소수 첫째 자리까지 구하고, 나머지도 알아 보시오.

(1) 3.4÷4= 0.8 … 0.2

(2) 7.9÷9= ____ … ____

(3) 1.8÷5= ____ … ____

(4) 7.3÷8= ____ … ____

(5) 4.6÷7= ____ … ____

(6) 4.9÷9= ____ … ____

(7) 3.4÷7= ____ … ____

(8) 2.5÷3= ____ … ____

(9) 2.2÷9= ____ … ____

(10) 5.6÷6= ____ … ____

(11) 2.3÷4= ____ … ____

(12) 5.6÷9= ____ … ____

(13) 0.9÷7= ____ … ____

(14) 3.5÷9= ____ … ____

(15) 4.9÷8= ____ … ____

(16) 1.5÷4= ____ … ____

(17) 6.8÷8= ____ … ____

(18) 5.7÷8= ____ … ____

(19) 0.5÷2= ____ … ____

(20) 2.3÷5= ____ … ____

(21) 6.4÷7= ____ … ____

(22) 1.1÷4= ____ … ____

(23) 3.1÷5= ____ … ____

(24) 2.9÷6= ____ … ____

(25) 4.9÷8= ____ … ____

(26) 1.3÷3= ____ … ____

(27) 7.4÷8= ____ … ____

(28) 3.7÷7= ____ … ____

(29) 6.1÷9= ____ … ____

(30) 0.9÷4= ____ … ____

(31) 4.7÷6= ____ … ____

(32) 5.8÷8= ____ … ____

(33) 8.4÷9= ____ … ____

(34) 1.9÷9= ____ … ____

(35) 3.8÷7= ____ … ____

(36) 3.7÷6= ____ … ____

(37) 4.4÷8= ____ … ____

(38) 5.2÷7= ____ … ____

(39) 1.7÷2= ____ … ____

(40) 3.9÷7= ____ … ____

(41) 0.7÷6= ____ … ____

(42) 6.5÷8= ____ … ____

(43) 1.9÷5= ____ … ____

(44) 8.9÷9= ____ … ____

(45) 2.4÷5= ____ … ____

(46) 3.9÷4= ____ … ____

(47) 4.3÷7= ____ … ____

(48) 3.2÷6= ____ … ____

(49) 5.7÷9= ____ … ____

(50) 3.1÷6= ____ … ____

(51) 2.6÷6= ____ … ____

(52) 2.6÷4= ____ … ____

(53) 1.7÷3= ____ … ____

(54) 4.4÷5= ____ … ____

(55) 2.1÷6= ____ … ____

(56) 2.2÷7= ____ … ____

(57) 2.9÷5= ____ … ____

(58) 2.9÷8= ____ … ____

(59) 8.7÷9= ____ … ____

(60) 5.8÷6= ____ … ____

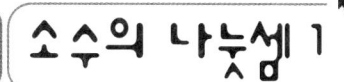

□.□÷□의 계산
〈나머지 있음〉(4)

 월　　일　이름

표준 완성 시간 5~6분

부모 확인란

평가	😊	🙂	😕	😫
오답수	아주 잘함 : 0~2	잘함 : 3~5	보통 : 6~8	노력 바람 : 9~

1. 나눗셈의 몫을 소수 첫째 자리까지 구하고, 나머지도 알아 보시오.

(1) $3.5 \div 6 = \underline{0.5} \cdots \underline{0.5}$

(2) $5.4 \div 7 = \underline{\qquad} \cdots$

(3) $1.4 \div 5 = \underline{\qquad} \cdots$

(4) $2 \div 3 = \underline{\qquad} \cdots$

(5) $2.2 \div 9 = \underline{\qquad} \cdots$

(6) $2.5 \div 8 = \underline{\qquad} \cdots$

(7) $5.2 \div 7 = \underline{\qquad} \cdots$

(8) $5 \div 9 = \underline{\qquad} \cdots$

(9) $1 \div 8 = \underline{\qquad} \cdots$

(10) $3.6 \div 5 = \underline{\qquad} \cdots$

(11) $4.7 \div 9 = \underline{\qquad} \cdots$

(12) $4 \div 6 = \underline{\qquad} \cdots$

(13) $6 \div 8 = \underline{\qquad} \cdots$

(14) $6.6 \div 8 = \underline{\qquad} \cdots$

(15) $3.4 \div 9 = \underline{\qquad} \cdots$

(16) $1.2 \div 7 = \underline{\qquad} \cdots$

(17) $6.1 \div 7 = \underline{\qquad} \cdots$

(18) $6.8 \div 9 = \underline{\qquad} \cdots$

(19) $2.4 \div 5 = \underline{\qquad} \cdots$

(20) $1.2 \div 9 = \underline{\qquad} \cdots$

(21) $1 \div 3 = \underline{\qquad} \cdots$

(22) $5.3 \div 6 = \underline{\qquad} \cdots$

2. 나눗셈의 몫을 소수 첫째 자리까지 구하고, 나머지도 알아 보시오.

(1) $5.3 \div 8 = \underline{\qquad} \cdots$

(2) $3.1 \div 4 = \underline{\qquad} \cdots$

(3) $1.1 \div 3 = \underline{\qquad} \cdots$

(4) $1.6 \div 5 = \underline{\qquad} \cdots$

(5) $7.5 \div 9 = \underline{\qquad} \cdots$

(6) $2.3 \div 6 = \underline{\qquad} \cdots$

(7) $3.3 \div 7 = \underline{\qquad} \cdots$

(8) $6 \div 9 = \underline{\qquad} \cdots$

(9) $2.7 \div 8 = \underline{\qquad} \cdots$

(10) $5.2 \div 9 = \underline{\qquad} \cdots$

(11) $5 \div 6 = \underline{\qquad} \cdots$

(12) $2.5 \div 7 = \underline{\qquad} \cdots$

(13) $6.2 \div 9 = \underline{\qquad} \cdots$

(14) $3.8 \div 4 = \underline{\qquad} \cdots$

(15) $3.1 \div 7 = \underline{\qquad} \cdots$

(16) $2.8 \div 3 = \underline{\qquad} \cdots$

(17) $1 \div 4 = \underline{\qquad} \cdots$

(18) $1.7 \div 5 = \underline{\qquad} \cdots$

(19) $4.4 \div 5 = \underline{\qquad} \cdots$

(20) $4 \div 7 = \underline{\qquad} \cdots$

(21) $3.5 \div 9 = \underline{\qquad} \cdots$

(22) $5 \div 7 = \underline{\qquad} \cdots$

(23) $2.1 \div 8 = \underline{\qquad} \cdots$

(24) $2.6 \div 4 = \underline{\qquad} \cdots$

※ 틀린 계산은 아래에 써서 다시 해 보시오.

• $\underline{\qquad} \div \underline{\qquad} = \underline{\qquad} \cdots \underline{\qquad}$

• $\underline{\qquad} \div \underline{\qquad} = \underline{\qquad} \cdots \underline{\qquad}$

※ 틀린 계산은 아래에 써서 다시 해 보시오.

• $\underline{\qquad} \div \underline{\qquad} = \underline{\qquad} \cdots \underline{\qquad}$

• $\underline{\qquad} \div \underline{\qquad} = \underline{\qquad} \cdots \underline{\qquad}$

1÷3은 1.0÷3으로
생각하는 것 알죠?!

44회 소수의 나눗셈 1

□.□÷□의 계산
〈나머지 있음〉 (5)

○월 ○일 이름

평가	☺	☺	☹	☹
오답수	아주 잘함:0~2	잘함:3~5	보통:6~8	노력 바람:9~

1. 나눗셈의 몫을 소수 첫째 자리까지 구하고, 나머지도 알아 보시오.

(1) $1.3 \div 9 =$ 0.1 … 0.4

(2) $5.5 \div 8 =$ _____ … _____

(3) $1.5 \div 7 =$ _____ … _____

(4) $1.1 \div 3 =$ _____ … _____

(5) $6.2 \div 9 =$ _____ … _____

(6) $3.1 \div 7 =$ _____ … _____

(7) $2 \div 7 =$ _____ … _____

(8) $2.1 \div 6 =$ _____ … _____

(9) $3 \div 4 =$ _____ … _____

(10) $4.5 \div 8 =$ _____ … _____

(11) $4 \div 9 =$ _____ … _____

(12) $3.4 \div 5 =$ _____ … _____

(13) $5.1 \div 6 =$ _____ … _____

(14) $6.9 \div 8 =$ _____ … _____

(15) $4.4 \div 7 =$ _____ … _____

(16) $4.1 \div 6 =$ _____ … _____

(17) $1.2 \div 8 =$ _____ … _____

(18) $2.2 \div 9 =$ _____ … _____

(19) $2.5 \div 9 =$ _____ … _____

(20) $5.3 \div 7 =$ _____ … _____

(21) $6 \div 7 =$ _____ … _____

(22) $3.2 \div 9 =$ _____ … _____

(23) $5.3 \div 6 =$ _____ … _____

(24) $6.3 \div 8 =$ _____ … _____

2. 나눗셈의 몫을 소수 첫째 자리까지 구하고, 나머지도 알아 보시오.

(1) $3 \div 7 =$ _____ … _____

(2) $2 \div 6 =$ _____ … _____

(3) $1.5 \div 4 =$ _____ … _____

(4) $1.9 \div 9 =$ _____ … _____

(5) $6.1 \div 9 =$ _____ … _____

(6) $2.2 \div 5 =$ _____ … _____

(7) $3.2 \div 7 =$ _____ … _____

(8) $6.1 \div 8 =$ _____ … _____

(9) $2.3 \div 6 =$ _____ … _____

(10) $5.3 \div 8 =$ _____ … _____

(11) $4.1 \div 7 =$ _____ … _____

(12) $1.7 \div 5 =$ _____ … _____

(13) $3.4 \div 9 =$ _____ … _____

(14) $3.8 \div 4 =$ _____ … _____

(15) $5 \div 8 =$ _____ … _____

(16) $4.2 \div 8 =$ _____ … _____

(17) $2.4 \div 9 =$ _____ … _____

(18) $3.4 \div 6 =$ _____ … _____

(19) $6.2 \div 7 =$ _____ … _____

(20) $4.5 \div 7 =$ _____ … _____

(21) $3.6 \div 5 =$ _____ … _____

(22) $4.1 \div 8 =$ _____ … _____

(23) $2.8 \div 8 =$ _____ … _____

(24) $3.7 \div 9 =$ _____ … _____

● 틀린 계산은 아래에 써서 다시 해 보시오.

• _____ ÷ _____ = _____ … _____

• _____ ÷ _____ = _____ … _____

● 틀린 계산은 아래에 써서 다시 해 보시오.

• _____ ÷ _____ = _____ … _____

• _____ ÷ _____ = _____ … _____

45회 소수의 나눗셈 1

□.□÷□의 계산
〈나머지 있음〉(6)

○ 월 ○ 일 이름

표준 완성 시간 5~6분

부모 확인란

평가	😄	😐	😟	😣
오답수	아주 잘함 : 0~2	잘함 : 3~5	보통 : 6~8	노력 바람 : 9~

1. 나눗셈의 몫을 소수 첫째 자리까지 구하고, 나머지도 알아 보시오.

(1) $6.4 \div 9 = 0.7 \cdots 0.1$

(2) $5.3 \div 6 = $ _____ $\cdots$ _____

(3) $3.1 \div 8 = $ _____ $\cdots$ _____

(4) $5.2 \div 8 = $ _____ $\cdots$ _____

(5) $5.3 \div 7 = $ _____ $\cdots$ _____

(6) $2.2 \div 4 = $ _____ $\cdots$ _____

(7) $5 \div 8 = $ _____ $\cdots$ _____

(8) $2.1 \div 8 = $ _____ $\cdots$ _____

(9) $1.6 \div 9 = $ _____ $\cdots$ _____

(10) $1.4 \div 9 = $ _____ $\cdots$ _____

(11) $3 \div 7 = $ _____ $\cdots$ _____

(12) $6 \div 7 = $ _____ $\cdots$ _____

(13) $1.2 \div 5 = $ _____ $\cdots$ _____

(14) $2.5 \div 8 = $ _____ $\cdots$ _____

(15) $1.1 \div 3 = $ _____ $\cdots$ _____

(16) $4.3 \div 6 = $ _____ $\cdots$ _____

(17) $7 \div 8 = $ _____ $\cdots$ _____

(18) $5.5 \div 7 = $ _____ $\cdots$ _____

(19) $6.2 \div 7 = $ _____ $\cdots$ _____

(20) $6 \div 9 = $ _____ $\cdots$ _____

(21) $3.5 \div 6 = $ _____ $\cdots$ _____

(22) $2 \div 3 = $ _____ $\cdots$ _____

(23) $3.1 \div 7 = $ _____ $\cdots$ _____

(24) $2.4 \div 9 = $ _____ $\cdots$ _____

2. 나눗셈의 몫을 소수 첫째 자리까지 구하고, 나머지도 알아 보시오.

(1) $1.7 \div 7 = $ _____ $\cdots$ _____

(2) $3.4 \div 6 = $ _____ $\cdots$ _____

(3) $5 \div 9 = $ _____ $\cdots$ _____

(4) $5.6 \div 9 = $ _____ $\cdots$ _____

(5) $5.2 \div 6 = $ _____ $\cdots$ _____

(6) $2.1 \div 6 = $ _____ $\cdots$ _____

(7) $5.2 \div 7 = $ _____ $\cdots$ _____

(8) $2.5 \div 6 = $ _____ $\cdots$ _____

(9) $2.8 \div 9 = $ _____ $\cdots$ _____

(10) $3.1 \div 9 = $ _____ $\cdots$ _____

(11) $5 \div 7 = $ _____ $\cdots$ _____

(12) $3.8 \div 6 = $ _____ $\cdots$ _____

(13) $2.3 \div 3 = $ _____ $\cdots$ _____

(14) $1.5 \div 4 = $ _____ $\cdots$ _____

(15) $1 \div 8 = $ _____ $\cdots$ _____

(16) $7.4 \div 9 = $ _____ $\cdots$ _____

(17) $4.4 \div 6 = $ _____ $\cdots$ _____

(18) $2.9 \div 3 = $ _____ $\cdots$ _____

(19) $3.3 \div 9 = $ _____ $\cdots$ _____

(20) $2 \div 7 = $ _____ $\cdots$ _____

(21) $6 \div 8 = $ _____ $\cdots$ _____

(22) $6.6 \div 9 = $ _____ $\cdots$ _____

(23) $1.3 \div 7 = $ _____ $\cdots$ _____

(24) $1 \div 3 = $ _____ $\cdots$ _____

❋ 틀린 계산은 아래에 써서 다시 해 보시오.

• _____ ÷ _____ = _____ $\cdots$ _____

• _____ ÷ _____ = _____ $\cdots$ _____

❋ 틀린 계산은 아래에 써서 다시 해 보시오.

• _____ ÷ _____ = _____ $\cdots$ _____

• _____ ÷ _____ = _____ $\cdots$ _____

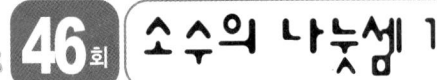

1. 나눗셈의 몫을 소수 첫째 자리까지 구하고, 나머지도 알아 보시오.

(1) $5.1 \div 9 = \underline{0.5} \cdots \underline{0.6}$

(2) $4 \div 6 = \underline{\quad} \cdots \underline{\quad}$

(3) $3.4 \div 7 = \underline{\quad} \cdots \underline{\quad}$

(4) $3 \div 9 = \underline{\quad} \cdots \underline{\quad}$

(5) $3.5 \div 6 = \underline{\quad} \cdots \underline{\quad}$

(6) $1 \div 7 = \underline{\quad} \cdots \underline{\quad}$

(7) $6.2 \div 8 = \underline{\quad} \cdots \underline{\quad}$

(8) $4.2 \div 8 = \underline{\quad} \cdots \underline{\quad}$

(9) $2.3 \div 9 = \underline{\quad} \cdots \underline{\quad}$

(10) $8 \div 9 = \underline{\quad} \cdots \underline{\quad}$

(11) $1.2 \div 7 = \underline{\quad} \cdots \underline{\quad}$

(12) $4 \div 7 = \underline{\quad} \cdots \underline{\quad}$

(13) $5.1 \div 8 = \underline{\quad} \cdots \underline{\quad}$

(14) $5.9 \div 8 = \underline{\quad} \cdots \underline{\quad}$

(15) $1.1 \div 4 = \underline{\quad} \cdots \underline{\quad}$

(16) $3.3 \div 9 = \underline{\quad} \cdots \underline{\quad}$

(17) $2 \div 8 = \underline{\quad} \cdots \underline{\quad}$

(18) $5.2 \div 7 = \underline{\quad} \cdots \underline{\quad}$

(19) $6.1 \div 7 = \underline{\quad} \cdots \underline{\quad}$

(20) $1.6 \div 9 = \underline{\quad} \cdots \underline{\quad}$

(21) $7 \div 9 = \underline{\quad} \cdots \underline{\quad}$

(22) $2 \div 6 = \underline{\quad} \cdots \underline{\quad}$

(23) $1 \div 3 = \underline{\quad} \cdots \underline{\quad}$

(24) $1.1 \div 9 = \underline{\quad} \cdots \underline{\quad}$

2. 나눗셈의 몫을 소수 첫째 자리까지 구하고, 나머지도 알아 보시오.

(1) $1.2 \div 8 = \underline{\quad} \cdots \underline{\quad}$

(2) $5.1 \div 7 = \underline{\quad} \cdots \underline{\quad}$

(3) $4.4 \div 6 = \underline{\quad} \cdots \underline{\quad}$

(4) $2.1 \div 9 = \underline{\quad} \cdots \underline{\quad}$

(5) $2.1 \div 4 = \underline{\quad} \cdots \underline{\quad}$

(6) $6.5 \div 8 = \underline{\quad} \cdots \underline{\quad}$

(7) $1.4 \div 8 = \underline{\quad} \cdots \underline{\quad}$

(8) $4.3 \div 6 = \underline{\quad} \cdots \underline{\quad}$

(9) $2.5 \div 9 = \underline{\quad} \cdots \underline{\quad}$

(10) $5.3 \div 9 = \underline{\quad} \cdots \underline{\quad}$

(11) $2.7 \div 5 = \underline{\quad} \cdots \underline{\quad}$

(12) $4.8 \div 9 = \underline{\quad} \cdots \underline{\quad}$

(13) $3 \div 8 = \underline{\quad} \cdots \underline{\quad}$

(14) $5.5 \div 8 = \underline{\quad} \cdots \underline{\quad}$

(15) $4.2 \div 9 = \underline{\quad} \cdots \underline{\quad}$

(16) $1.9 \div 4 = \underline{\quad} \cdots \underline{\quad}$

(17) $5 \div 6 = \underline{\quad} \cdots \underline{\quad}$

(18) $4.6 \div 5 = \underline{\quad} \cdots \underline{\quad}$

(19) $1.3 \div 9 = \underline{\quad} \cdots \underline{\quad}$

(20) $2.7 \div 6 = \underline{\quad} \cdots \underline{\quad}$

(21) $3.4 \div 5 = \underline{\quad} \cdots \underline{\quad}$

(22) $3.2 \div 5 = \underline{\quad} \cdots \underline{\quad}$

(23) $5.4 \div 7 = \underline{\quad} \cdots \underline{\quad}$

(24) $6.1 \div 8 = \underline{\quad} \cdots \underline{\quad}$

틀린 계산은 아래에 써서 다시 해 보시오.

• $\underline{\quad} \div \underline{\quad} = \underline{\quad} \cdots \underline{\quad}$

• $\underline{\quad} \div \underline{\quad} = \underline{\quad} \cdots \underline{\quad}$

틀린 계산은 아래에 써서 다시 해 보시오.

• $\underline{\quad} \div \underline{\quad} = \underline{\quad} \cdots \underline{\quad}$

• $\underline{\quad} \div \underline{\quad} = \underline{\quad} \cdots \underline{\quad}$

47회 소수의 나눗셈 1   □.□÷□의 계산 〈나머지 있음〉(8)

○ 월 ○ 일 이름

표준 완성 시간 5~6분

부모 확인란

평가	😄	😊	🙁	😫
오답수	아주 잘함 : 0~2	잘함 : 3~5	보통 : 6~8	노력 바람 : 9~

1. 나눗셈의 몫을 소수 첫째 자리까지 구하고, 나머지도 알아 보시오.

(1) $5 \div 8 = 0.6 \cdots 0.2$ (2) $5.3 \div 9 = $ _____ $\cdots$ _____

(3) $2.2 \div 9 = $ _____ $\cdots$ _____   (4) $3.1 \div 6 = $ _____ $\cdots$ _____

(5) $1.4 \div 5 = $ _____ $\cdots$ _____   (6) $5.2 \div 7 = $ _____ $\cdots$ _____

(7) $4.6 \div 6 = $ _____ $\cdots$ _____   (8) $1.1 \div 8 = $ _____ $\cdots$ _____

(9) $4.3 \div 9 = $ _____ $\cdots$ _____   (10) $6 \div 9 = $ _____ $\cdots$ _____

(11) $1.2 \div 7 = $ _____ $\cdots$ _____   (12) $6 \div 8 = $ _____ $\cdots$ _____

(13) $6.2 \div 8 = $ _____ $\cdots$ _____   (14) $1 \div 4 = $ _____ $\cdots$ _____

(15) $2.3 \div 5 = $ _____ $\cdots$ _____   (16) $1.2 \div 9 = $ _____ $\cdots$ _____

(17) $4 \div 7 = $ _____ $\cdots$ _____   (18) $2.6 \div 6 = $ _____ $\cdots$ _____

(19) $6.1 \div 9 = $ _____ $\cdots$ _____   (20) $4.7 \div 9 = $ _____ $\cdots$ _____

(21) $2 \div 3 = $ _____ $\cdots$ _____   (22) $2 \div 7 = $ _____ $\cdots$ _____

(23) $6.2 \div 9 = $ _____ $\cdots$ _____   (24) $1.3 \div 8 = $ _____ $\cdots$ _____

2. 나눗셈의 몫을 소수 첫째 자리까지 구하고, 나머지도 알아 보시오.

(1) $1.6 \div 5 = $ _____ $\cdots$ _____   (2) $2.4 \div 9 = $ _____ $\cdots$ _____

(3) $5.5 \div 7 = $ _____ $\cdots$ _____   (4) $3 \div 4 = $ _____ $\cdots$ _____

(5) $7.1 \div 9 = $ _____ $\cdots$ _____   (6) $5.4 \div 8 = $ _____ $\cdots$ _____

(7) $1.3 \div 3 = $ _____ $\cdots$ _____   (8) $5 \div 9 = $ _____ $\cdots$ _____

(9) $6.5 \div 9 = $ _____ $\cdots$ _____   (10) $4 \div 7 = $ _____ $\cdots$ _____

(11) $4.9 \div 6 = $ _____ $\cdots$ _____   (12) $2.3 \div 8 = $ _____ $\cdots$ _____

(13) $6.2 \div 7 = $ _____ $\cdots$ _____   (14) $4.8 \div 5 = $ _____ $\cdots$ _____

(15) $2 \div 9 = $ _____ $\cdots$ _____   (16) $2.7 \div 4 = $ _____ $\cdots$ _____

(17) $3.3 \div 5 = $ _____ $\cdots$ _____   (18) $1.8 \div 4 = $ _____ $\cdots$ _____

(19) $7.6 \div 8 = $ _____ $\cdots$ _____   (20) $4.6 \div 9 = $ _____ $\cdots$ _____

(21) $3.5 \div 9 = $ _____ $\cdots$ _____   (22) $2.9 \div 7 = $ _____ $\cdots$ _____

(23) $1.6 \div 7 = $ _____ $\cdots$ _____   (24) $1.5 \div 8 = $ _____ $\cdots$ _____

❀ 틀린 계산은 아래에 써서 다시 해 보시오.

• _____ ÷ _____ = _____ $\cdots$ _____

• _____ ÷ _____ = _____ $\cdots$ _____

❀ 틀린 계산은 아래에 써서 다시 해 보시오.

• _____ ÷ _____ = _____ $\cdots$ _____

• _____ ÷ _____ = _____ $\cdots$ _____

4÷7은 4.0÷7로 생각하세요.

 **48**회 소수의 나눗셈 1

□.□÷□의 계산
〈나머지 있음〉 (9)

월 일 이름

표준 완성 시간 5~6분

부모 확인란

평가	😊	😊	😐	😣
오답수	아주 잘함 : 0~2	잘함 : 3~5	보통 : 6~8	노력 바람 : 9~

1. 나눗셈의 몫을 소수 첫째 자리까지 구하고, 나머지도 알아 보시오.

(1) $5.3 \div 9 =$ 0.5 … 0.8

(2) $1.4 \div 3 =$ ___ … ___

(3) $3.4 \div 9 =$ ___ … ___

(4) $7 \div 9 =$ ___ … ___

(5) $6.2 \div 8 =$ ___ … ___

(6) $4.1 \div 5 =$ ___ … ___

(7) $2.1 \div 9 =$ ___ … ___

(8) $5.1 \div 8 =$ ___ … ___

(9) $2.1 \div 6 =$ ___ … ___

(10) $3 \div 4 =$ ___ … ___

(11) $3.4 \div 7 =$ ___ … ___

(12) $5.3 \div 8 =$ ___ … ___

(13) $4.2 \div 5 =$ ___ … ___

(14) $1.7 \div 6 =$ ___ … ___

(15) $1.9 \div 8 =$ ___ … ___

(16) $1.5 \div 9 =$ ___ … ___

(17) $5.3 \div 7 =$ ___ … ___

(18) $6 \div 7 =$ ___ … ___

(19) $2.2 \div 9 =$ ___ … ___

(20) $2 \div 8 =$ ___ … ___

(21) $2.3 \div 3 =$ ___ … ___

(22) $7.1 \div 8 =$ ___ … ___

(23) $6.1 \div 8 =$ ___ … ___

(24) $1.3 \div 4 =$ ___ … ___

● 틀린 계산은 아래에 써서 다시 해 보시오.

• ___ ÷ ___ = ___ … ___

• ___ ÷ ___ = ___ … ___

2. 나눗셈의 몫을 소수 첫째 자리까지 구하고, 나머지도 알아 보시오.

(1) $3.2 \div 9 =$ ___ … ___

(2) $6.8 \div 9 =$ ___ … ___

(3) $4.7 \div 7 =$ ___ … ___

(4) $5.2 \div 6 =$ ___ … ___

(5) $8 \div 9 =$ ___ … ___

(6) $6.3 \div 8 =$ ___ … ___

(7) $3.1 \div 4 =$ ___ … ___

(8) $4.4 \div 9 =$ ___ … ___

(9) $1.7 \div 9 =$ ___ … ___

(10) $3 \div 7 =$ ___ … ___

(11) $5 \div 6 =$ ___ … ___

(12) $1.3 \div 3 =$ ___ … ___

(13) $4.2 \div 8 =$ ___ … ___

(14) $2.4 \div 5 =$ ___ … ___

(15) $6.1 \div 9 =$ ___ … ___

(16) $3.7 \div 4 =$ ___ … ___

(17) $5.4 \div 8 =$ ___ … ___

(18) $4.4 \div 5 =$ ___ … ___

(19) $5.5 \div 7 =$ ___ … ___

(20) $2.8 \div 3 =$ ___ … ___

(21) $2.6 \div 9 =$ ___ … ___

(22) $6.9 \div 8 =$ ___ … ___

(23) $3.1 \div 7 =$ ___ … ___

(24) $3.1 \div 5 =$ ___ … ___

● 틀린 계산은 아래에 써서 다시 해 보시오.

• ___ ÷ ___ = ___ … ___

• ___ ÷ ___ = ___ … ___

표준 완성 시간 4~5분 | 부모 확인란

평가	😊	😊	😣	😫
오답수	아주 잘함 : 0~2	잘함 : 3~5	보통 : 6~8	노력 바람 : 9~

1. 소수의 나눗셈을 하시오.

(1)
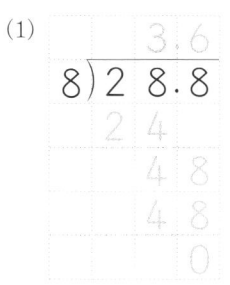
```
        3.6
    8)2 8.8
      2 4
        4 8
        4 8
          0
```

(2)

```
4)2 5.6
```

(3)
```
5)1 9.5
```

(4)
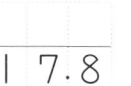
```
2)1 7.8
```

(5)
```
6)2 2.2
```

(6)
```
2)1 9.4
```

(7)
```
4)1 9.6
```

(8)
```
9)4 0.5
```

(9)
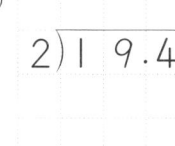
```
9)2 6.1
```

(10)
```
2)1 3.6
```

(11)
```
4)1 8.4
```

(12)
```
6)2 6.4
```

(13)
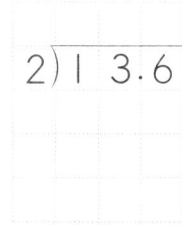
```
6)3 4.2
```

(14)

```
6)5 1.6
```

(15)
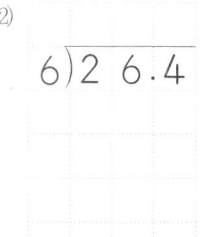
```
4)3 7.2
```

(16)
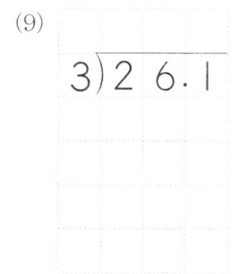
```
3)2 3.7
```

2. 소수의 나눗셈을 하시오.

(1)
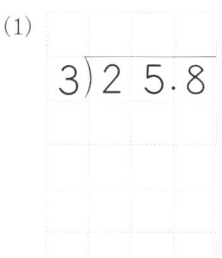
```
3)2 5.8
```

(2)
```
9)5 7.6
```

(3)
```
8)4 7.2
```

(4)
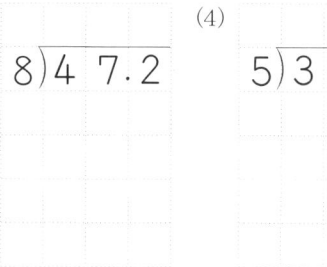
```
5)3 7.5
```

(5)
```
4)2 9.6
```

(6)
```
3)2 8.5
```

(7)
```
6)2 5.2
```

(8)
```
9)7 6.5
```

(9)
```
3)2 6.1
```

(10)
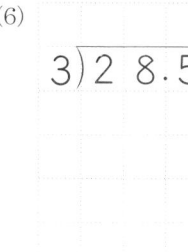
```
6)4 0.8
```

(11)
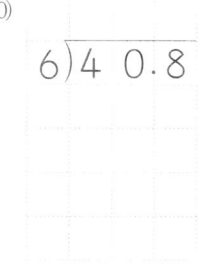
```
9)7 3.8
```

(12)
```
9)6 8.4
```

나누어지는 수의 소수점의 자리에 맞추어 몫의 소수점을 찍으세요.

▲ ■ ■ . ■ ■

표준 완성 시간 4~5분 | 부모 확인란

평가	😊	😊	😟	😟
오답수	아주 잘함 : 0~2	잘함 : 3~5	보통 : 6~8	노력 바람 : 9~

1. 소수의 나눗셈을 하시오.

(1)
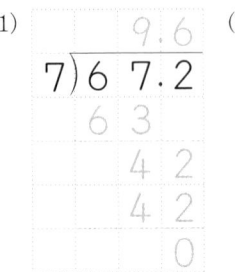

(2)
$5\overline{)42.5}$

(3)
$5\overline{)24.5}$

(4)
$8\overline{)28.8}$

(5)
$3\overline{)22.8}$

(6)
$9\overline{)85.5}$

(7)
$6\overline{)55.8}$

(8)
$7\overline{)24.5}$

(9)
$6\overline{)31.8}$

(10)
$3\overline{)22.2}$

(11)
$5\overline{)42.5}$

(12)
$2\overline{)15.6}$

(13)
$4\overline{)19.6}$

(14)
$8\overline{)19.2}$

(15)
$9\overline{)60.3}$

(16)
$6\overline{)57.6}$

2. 소수의 나눗셈을 하시오.

(1)
$4\overline{)13.6}$

(2)
$5\overline{)39.5}$

(3)
$7\overline{)27.3}$

(4)
$9\overline{)37.8}$

(5)
$2\overline{)13.4}$

(6)
$9\overline{)20.7}$

(7)
$3\overline{)29.1}$

(8)
$7\overline{)26.6}$

(9)
$4\overline{)30.8}$

(10)
$8\overline{)38.4}$

(11)
$6\overline{)46.2}$

(12)
$3\overline{)25.8}$

(13)
$6\overline{)28.2}$

(14)
$9\overline{)82.8}$

(15)
$5\overline{)33.5}$

(16)
$3\overline{)23.7}$

표준 완성 시간 4~5분

부모 확인란

평가				
오답수	아주 잘함 : 0~2	잘함 : 3~5	보통 : 6~8	노력 바람 : 9~

1. 소수의 나눗셈을 하시오.

(1)
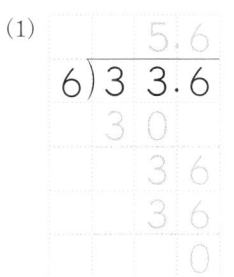

(2)
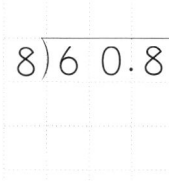
8)60.8

(3)
7)18.2

(4)
9)30.6

(5)
2)19.6

(6)
6)28.8

(7)
5)38.5

(8)
4)37.6

(9)
9)77.4

(10)
7)23.1

(11)
8)27.2

(12)
6)45.6

(13)
3)27.6

(14)
7)58.1

(15)
8)33.6

(16)
5)18.5

2. 소수의 나눗셈을 하시오.

(1)
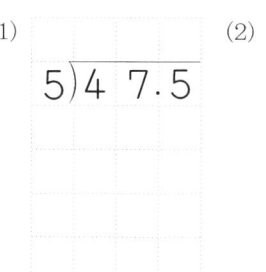
5)47.5

(2)
4)23.2

(3)
8)28.8

(4)
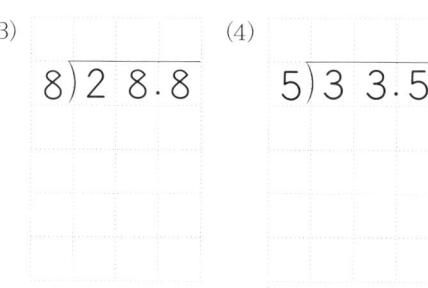
5)33.5

(5)
4)34.4

(6)
2)15.8

(7)
9)58.5

(8)
7)39.9

(9)
9)49.5

(10)
3)25.5

(11)
5)46.5

(12)
8)45.6

(13)
6)25.2

(14)
8)42.4

(15)
9)83.7

(16)
7)65.8

1. 소수의 나눗셈을 하시오.

(1)
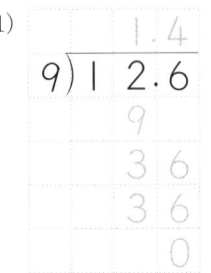
$$9 \overline{)12.6}$$

(2)
$$5 \overline{)40.5}$$

(3)
$$8 \overline{)70.4}$$

(4)
$$9 \overline{)70.2}$$

(5)
$$8 \overline{)55.2}$$

(6)
$$9 \overline{)50.4}$$

(7)
$$7 \overline{)54.6}$$

(8)
$$6 \overline{)20.4}$$

(9)
$$9 \overline{)41.4}$$

(10)
$$7 \overline{)34.3}$$

(11)
$$6 \overline{)40.2}$$

(12)
$$3 \overline{)19.8}$$

(13)
$$4 \overline{)34.4}$$

(14)
$$8 \overline{)20.8}$$

(15)
$$8 \overline{)71.2}$$

(16)
$$9 \overline{)53.1}$$

2. 소수의 나눗셈을 하시오.

(1)
$$9 \overline{)15.3}$$

(2)
$$6 \overline{)21.6}$$

(3)
$$7 \overline{)31.5}$$

(4)
$$4 \overline{)26.8}$$

(5)
$$3 \overline{)20.4}$$

(6)
$$8 \overline{)14.4}$$

(7)
$$9 \overline{)68.4}$$

(8)
$$3 \overline{)23.1}$$

(9)
$$8 \overline{)10.4}$$

(10)
$$2 \overline{)17.6}$$

(11)
$$3 \overline{)20.7}$$

(12)
$$9 \overline{)17.1}$$

(13)
$$9 \overline{)31.5}$$

(14)
$$6 \overline{)10.8}$$

(15)
$$8 \overline{)75.2}$$

(16)
$$4 \overline{)13.6}$$

표준 완성 시간 4~5분 | 부모 확인란

평가	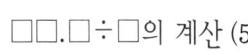			
오답수	아주 잘함: 0~2	잘함: 3~5	보통: 6~8	노력 바람: 9~

1. 소수의 나눗셈을 하시오.

(1)
```
       6.4
  8)5 1.2
    4 8
      3 2
      3 2
        0
```

(2)
```
  3)1 4.1
```

(3)
```
  7)2 6.6
```

(4)
```
  5)4 3.5
```

(5)
```
  7)5 3.9
```

(6)
```
  8)5 5.2
```

(7)
```
  9)2 1.6
```

(8)
```
  9)5 0.4
```

(9)
```
  8)2 1.6
```

(10)
```
  6)1 7.4
```

(11)
```
  8)2 9.6
```

(12)
```
  7)5 1.1
```

(13)
```
  7)2 5.9
```

(14)
```
  6)2 3.4
```

(15)
```
  3)1 7.4
```

(16)
```
  9)2 0.7
```

2. 소수의 나눗셈을 하시오.

(1)
```
  9)4 3.2
```

(2)
```
  4)1 9.6
```

(3)
```
  8)2 0.8
```

(4)
```
  4)1 9.2
```

(5)
```
  3)1 1.7
```

(6)
```
  8)5 2.8
```

(7)
```
  9)1 7.1
```

(8)
```
  6)5 2.8
```

(9)
```
  7)3 2.9
```

(10)
```
  9)4 6.8
```

(11)
```
  7)1 2.6
```

(12)
```
  8)7 0.4
```

(13)
```
  7)1 3.3
```

(14)
```
  9)2 4.3
```

(15)
```
  6)2 2.8
```

(16)
```
  9)1 9.8
```

1. 소수의 나눗셈을 하시오.

(1)
$$9\overline{)26.1}$$
2.9
18
81
81
0

(2)
$$9\overline{)60.3}$$

(3)
$$7\overline{)30.8}$$

(4)
$$8\overline{)20.8}$$

(5)
$$4\overline{)30.4}$$

(6)
$$9\overline{)31.5}$$

(7)
$$3\overline{)23.7}$$

(8)
$$7\overline{)29.4}$$

(9)
$$8\overline{)13.6}$$

(10)
$$9\overline{)25.2}$$

(11)
$$6\overline{)45.6}$$

(12)
$$9\overline{)43.2}$$

(13)
$$4\overline{)10.4}$$

(14)
$$6\overline{)50.4}$$

(15)
$$4\overline{)14.4}$$

(16)
$$8\overline{)52.8}$$

2. 소수의 나눗셈을 하시오.

(1)
$$9\overline{)41.4}$$

(2)
$$3\overline{)10.8}$$

(3)
$$7\overline{)19.6}$$

(4)
$$3\overline{)20.7}$$

(5)
$$8\overline{)60.8}$$

(6)
$$9\overline{)78.3}$$

(7)
$$7\overline{)54.6}$$

(8)
$$8\overline{)62.4}$$

(9)
$$6\overline{)11.4}$$

(10)
$$7\overline{)10.5}$$

(11)
$$8\overline{)60.8}$$

(12)
$$6\overline{)40.2}$$

(13)
$$2\overline{)17.4}$$

(14)
$$4\overline{)15.6}$$

(15)
$$6\overline{)41.4}$$

(16)
$$9\overline{)13.5}$$

1. 나눗셈의 몫을 소수 첫째 자리까지 구하고, 나머지도 알아보시오.

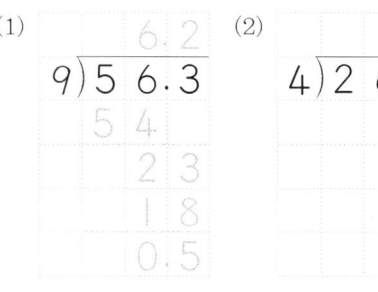

(1)
```
       6.2
   9)5 6.3
     5 4
       2 3
       1 8
       0.5
```

(2) 4)2 6.2

(3) 5)1 9.9

(4) 3)1 7.3

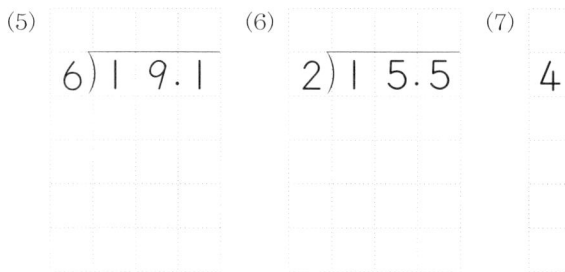

(5) 6)1 9.1

(6) 2)1 5.5

(7) 4)1 7.8

(8) 8)7 7.1

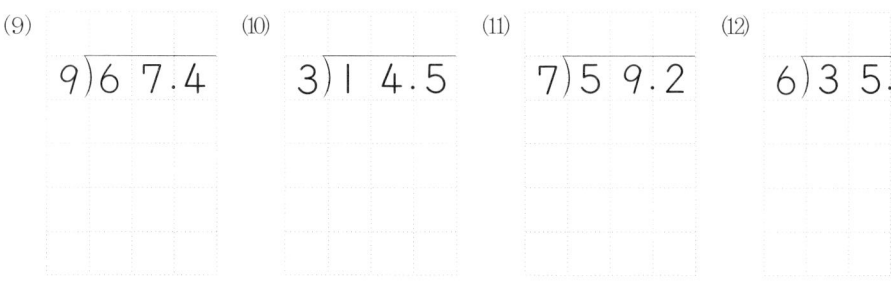

(9) 9)6 7.4

(10) 3)1 4.5

(11) 7)5 9.2

(12) 6)3 5.6

(13) 8)3 4.3

(14) 5)4 7.1

(15) 3)2 9.9

(16) 4)2 9.9

2. 나눗셈의 몫을 소수 첫째 자리까지 구하고, 나머지도 알아보시오.

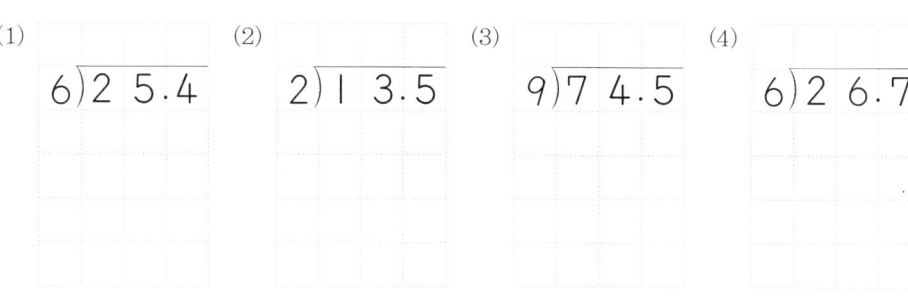

(1) 6)2 5.4

(2) 2)1 3.5

(3) 9)7 4.5

(4) 6)2 6.7

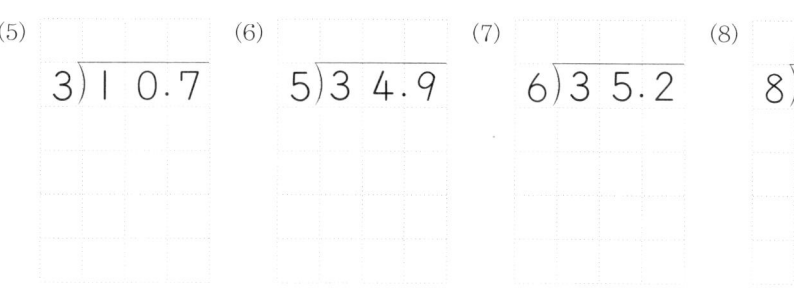

(5) 3)1 0.7

(6) 5)3 4.9

(7) 6)3 5.2

(8) 8)4 7.5

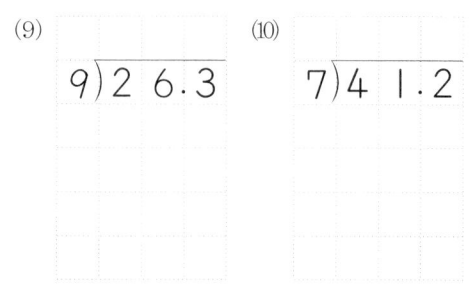

(9) 9)2 6.3

(10) 7)4 1.2

(11) 9)7 0.4

(12) 8)6 9.1

나머지의 소수점은 나누어지는 수의 소수점의 위치에 맞추어 찍으세요.

 **56**회 소수의 나눗셈 1

□□.□÷□의 계산
〈나머지 있음〉(2)

 월  일 이름

표준 완성 시간 4~5분 | 부모 확인란

평가	😊	😊	😟	😫
오답수	아주 잘함 : 0~2	잘함 : 3~5	보통 : 6~8	노력 바람 : 9~

1. 나눗셈의 몫을 소수 첫째 자리까지 구하고, 나머지도 알아보시오.

(1)
```
      5.7
  6)3 4.3
    3 0
      4 3
      4 2
      0.1
```

(2) 2)1 7.5

(3) 7)1 9.8

(4) 5)2 8.9

(5) 7)5 9.4

(6) 6)3 8.5

(7) 9)6 9.2

(8) 8)5 7.3

(9) 6)4 6.1

(10) 2)1 7.7

(11) 8)3 3.4

(12) 5)2 8.7

(13) 8)2 7.8

(14) 7)1 9.7

(15) 9)6 6.5

(16) 4)1 8.9

2. 나눗셈의 몫을 소수 첫째 자리까지 구하고, 나머지도 알아보시오.

(1) 5)3 1.4

(2) 4)3 7.8

(3) 6)2 7.5

(4) 9)4 6.9

(5) 3)1 7.6

(6) 4)1 5.9

(7) 9)5 6.2

(8) 6)4 7.5

(9) 9)8 3.1

(10) 8)5 3.8

(11) 2)1 5.9

(12) 8)4 6.1

(13) 2)1 1.1

(14) 7)2 9.2

(15) 9)5 8.3

(16) 8)6 6.3

57회 소수의 나눗셈 1
□□.□÷□의 계산
〈나머지 있음〉(3)

○월 ○일 이름

표준 완성 시간 4~5분
부모 확인란

평가	😊	😀	😐	😫
오답수	아주 잘함 : 0~2	잘함 : 3~5	보통 : 6~8	노력 바람 : 9~

1. 나눗셈의 몫을 소수 첫째 자리까지 구하고, 나머지도 알아보시오.

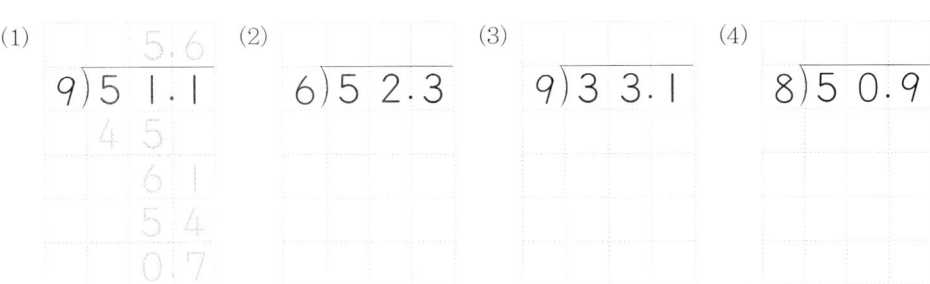

(1) 9)51.1 (2) 6)52.3 (3) 9)33.1 (4) 8)50.9

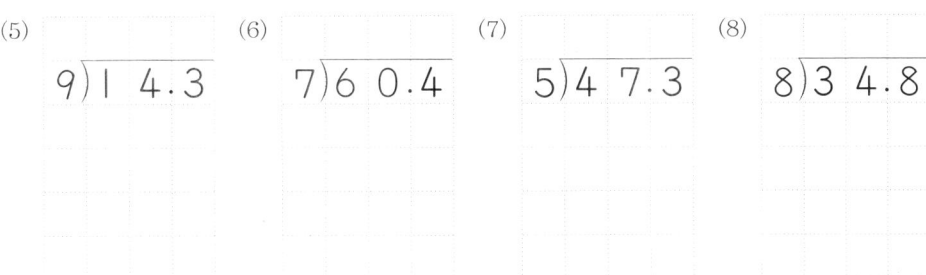

(5) 9)14.3 (6) 7)60.4 (7) 5)47.3 (8) 8)34.8

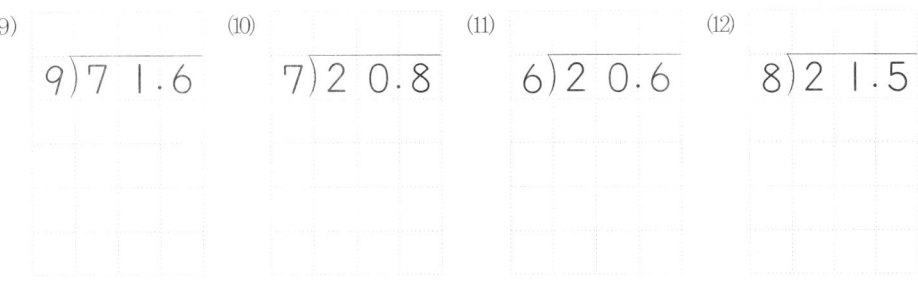

(9) 9)71.6 (10) 7)20.8 (11) 6)20.6 (12) 8)21.5

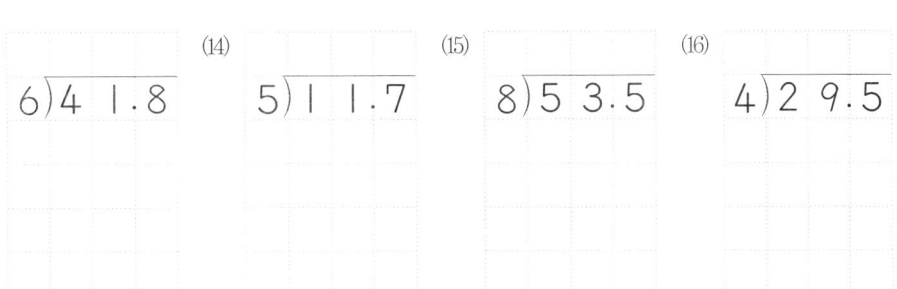

(13) 6)41.8 (14) 5)11.7 (15) 8)53.5 (16) 4)29.5

2. 나눗셈의 몫을 소수 첫째 자리까지 구하고, 나머지도 알아보시오.

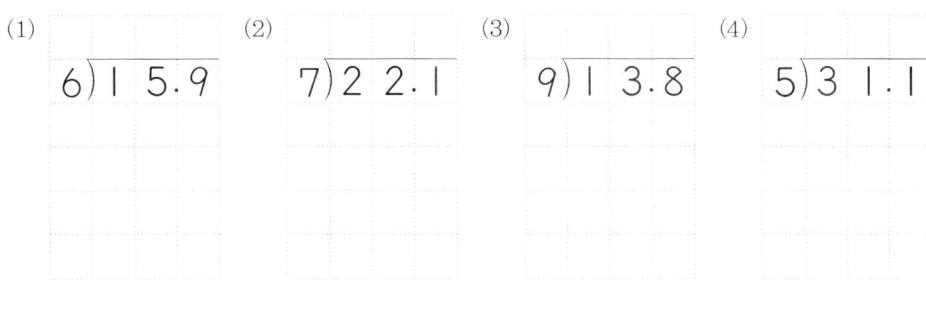

(1) 6)15.9 (2) 7)22.1 (3) 9)13.8 (4) 5)31.1

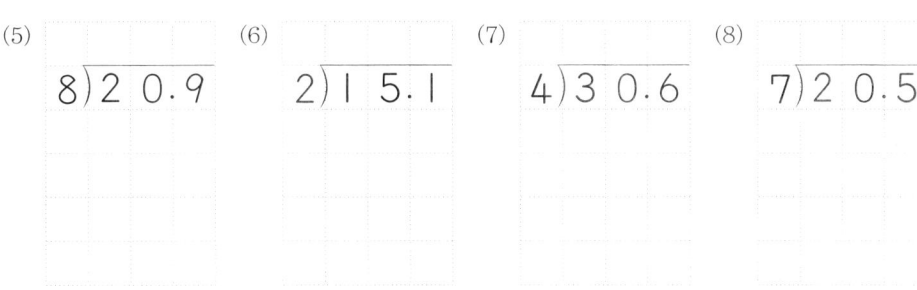

(5) 8)20.9 (6) 2)15.1 (7) 4)30.6 (8) 7)20.5

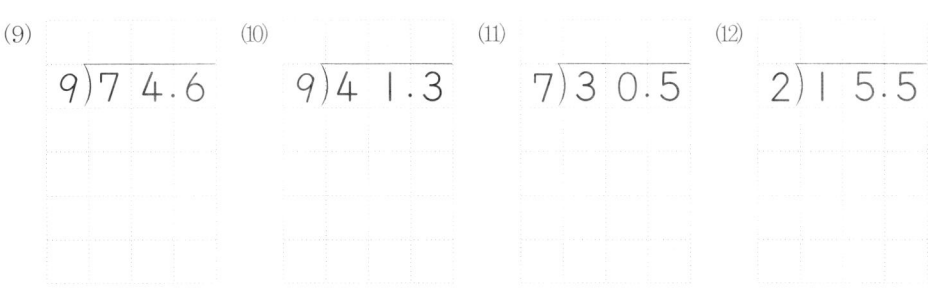

(9) 9)74.6 (10) 9)41.3 (11) 7)30.5 (12) 2)15.5

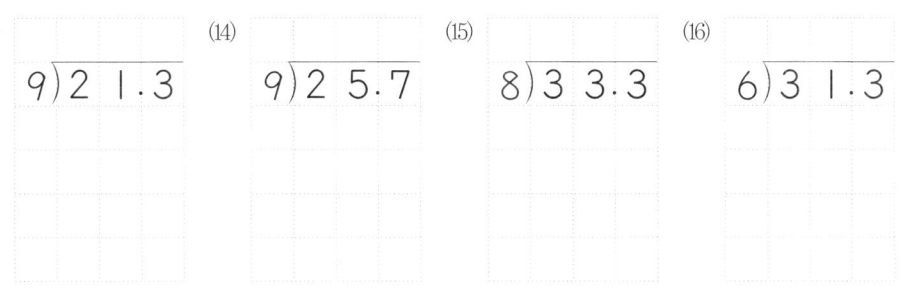

(13) 9)21.3 (14) 9)25.7 (15) 8)33.3 (16) 6)31.3

58회 **소수의 나눗셈 1**

□□.□÷□의 계산
〈나머지 있음〉(4)

○월 ○일 이름

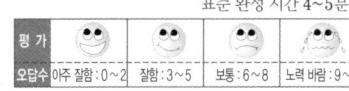

표준 완성 시간 4~5분

1. 나눗셈의 몫을 소수 첫째 자리까지 구하고, 나머지도 알아보시오.

(1)
```
      2.5
  8)2 0.7
    1 6
      4 7
      4 0
      0.7
```

(2) 4)2 9.9

(3) 7)5 2.6

(4) 9)6 0.2

(5) 7)6 3.9

(6) 8)2 3.5

(7) 8)6 2.1

(8) 9)3 5.7

(9) 9)2 1.4

(10) 8)5 1.6

(11) 3)2 2.7

(12) 7)4 4.4

(13) 2)1 1.3

(14) 6)5 5.1

(15) 8)4 0.9

(16) 5)2 2.2

2. 나눗셈의 몫을 소수 첫째 자리까지 구하고, 나머지도 알아보시오.

(1) 6)2 3.2

(2) 5)4 7.1

(3) 8)1 2.6

(4) 4)1 4.6

(5) 7)1 2.9

(6) 6)5 0.1

(7) 3)1 3.3

(8) 7)3 9.4

(9) 7)6 2.8

(10) 9)5 2.7

(11) 9)1 6.3

(12) 6)4 4.3

(13) 9)2 3.3

(14) 5)3 8.1

(15) 8)6 6.5

(16) 9)7 0.7

1. 소수의 나눗셈을 하시오.

(1)
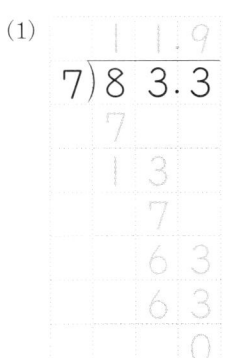
$$11.9$$
$$7\overline{)83.3}$$

(2)
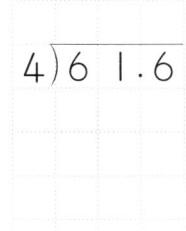
$$4\overline{)61.6}$$

(3)
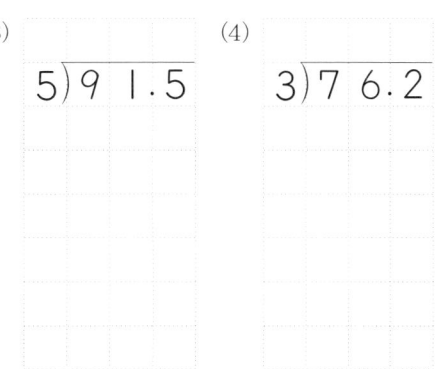
$$5\overline{)91.5}$$

(4)
$$3\overline{)76.2}$$

(5)
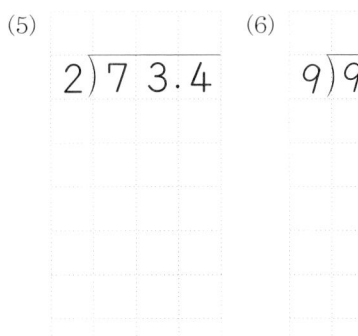
$$2\overline{)73.4}$$

(6)
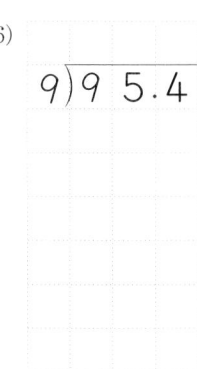
$$9\overline{)95.4}$$

(7)

$$6\overline{)91.8}$$

(8)
$$3\overline{)49.8}$$

(9)
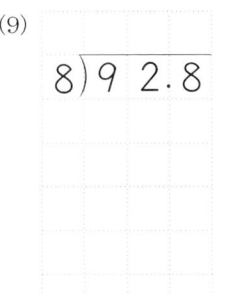
$$8\overline{)92.8}$$

(10)

$$5\overline{)84.5}$$

(11)

$$4\overline{)94.8}$$

(12)

$$6\overline{)79.8}$$

2. 소수의 나눗셈을 하시오.

(1)
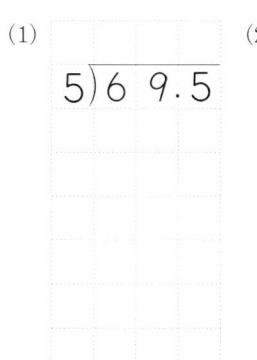
$$5\overline{)69.5}$$

(2)

$$2\overline{)89.6}$$

(3)
$$5\overline{)71.5}$$

(4)
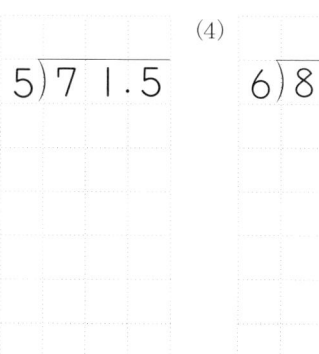
$$6\overline{)81.6}$$

(5)
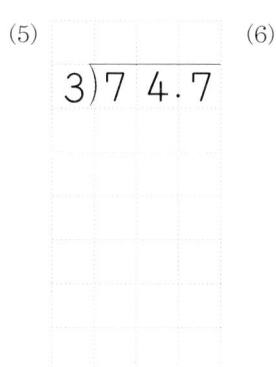
$$3\overline{)74.7}$$

(6)
$$7\overline{)80.5}$$

(7)
$$4\overline{)74.8}$$

(8)
$$2\overline{)77.8}$$

(9)
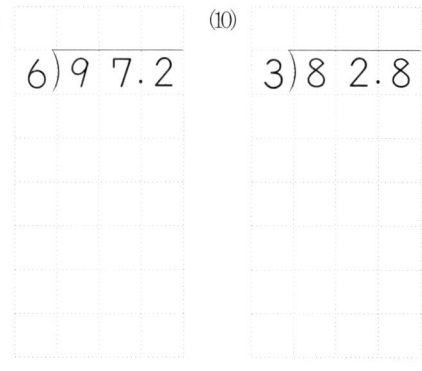
$$6\overline{)97.2}$$

(10)

$$3\overline{)82.8}$$

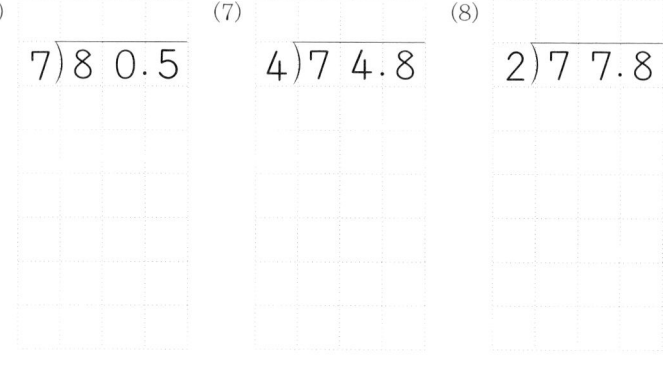
계산 후, 몫의 소수점을 찍는 위치에 주의하세요.

-- 61 --

60회 소수의 나눗셈 1

몫이 두 자리 수인
□□.□÷□ (2)

○월 ○일 이름

표준 완성 시간 4~5분

부모 확인란

평가	😊	😊	😟	😫
오답수	아주 잘함 : 0~2	잘함 : 3~4	보통 : 5~6	노력 바람 : 7~

1. 소수의 나눗셈을 하시오.

(1)
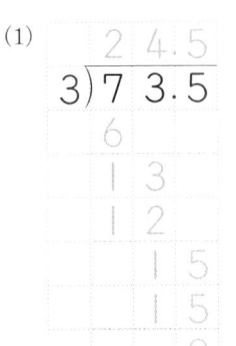

(2)
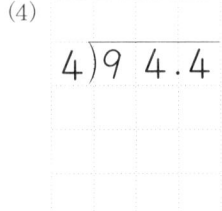
5)6 8.5

(3)
6)7 3.8

(4)
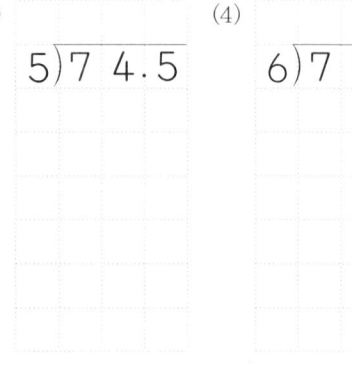
4)9 4.4

(5)
4)8 9.6

(6)
7)8 9.6

(7)
8)9 7.6

(8)
2)5 5.2

(9)
6)8 2.8

(10)
3)5 9.4

(11)
7)9 5.2

(12)
5)7 3.5

2. 소수의 나눗셈을 하시오.

(1)
2)7 9.2

(2)
8)9 2.8

(3)
5)7 4.5

(4)
6)7 7.4

(5)
5)8 7.5

(6)
7)7 9.8

(7)
6)8 9.4

(8)
4)9 4.4

(9)
4)6 7.6

(10)
3)7 4.7

(11)
2)9 9.2

(12)
7)9 4.5

 **61**회 소수의 나눗셈 1

〈몫 : 두 자리 수, 나머지 있음〉(1)

표준 완성 시간 4~5분

부모 확인란

월 일 이름

평가				
오답수	아주 잘함 : 0~2	잘함 : 3~4	보통 : 5~6	노력 바람 : 7~

1. 나눗셈의 몫을 소수 첫째 자리까지 구하고, 나머지도 알아보시오.

(1)

2)53.1

(2)
4)65.5

(3)
7)95.7

(4)
3)82.7

(5)
3)53.1

(6)
5)88.2

(7)
2)75.3

(8)
6)86.9

(9)
8)91.5

(10)
5)67.4

(11)
7)75.1

(12)
6)97.6

2. 나눗셈의 몫을 소수 첫째 자리까지 구하고, 나머지도 알아보시오.

(1)
6)80.2

(2)
7)99.3

(3)
2)99.5

(4)
5)63.7

(5)
3)74.8

(6)
8)81.4

(7)
6)94.1

(8)
2)57.3

(9)
7)93.5

(10)
3)50.6

(11)
5)81.3

(12)
4)85.5

 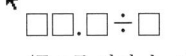
1. 나눗셈의 몫을 소수 첫째 자리까지 구하고, 나머지도 알아보시오.

(1)
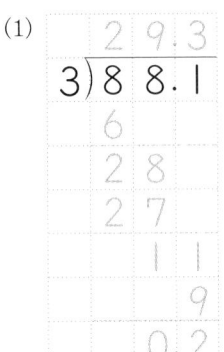

(2)
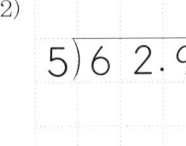

(3) 4)86.5

(4) 7)71.5

(5) 4)55.9

(6) 9)95.2

(7) 8)87.7

(8) 3)75.8

(9) 2)77.7

(10) 6)93.1

(11) 7)80.2

(12) 5)83.9

2. 나눗셈의 몫을 소수 첫째 자리까지 구하고, 나머지도 알아보시오.

(1) 2)73.5

(2) 4)99.5

(3) 5)62.8

(4) 7)88.4

(5) 5)84.8

(6) 2)95.1

(7) 8)96.9

(8) 4)65.3

(9) 2)67.7

(10) 6)74.6

(11) 3)74.5

(12) 7)93.5

63회 소수의 나눗셈 2
□□.□÷□□,
□.□□÷□□의 계산 (1)

○월 ○일 이름

표준 완성 시간 4~5분

부모 확인란

평가 😊 😊 😊 😊
오답수 0~2 아주 잘함 3~4 잘함 5~6 보통 7~ 노력 바람

1. 소수의 나눗셈을 하시오.

(1)
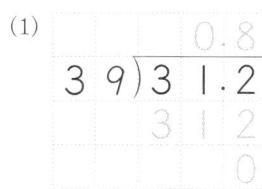
$39\overline{)31.2}$ → 0.8, 312, 0

(2)
$53\overline{)26.5}$

(3)
$18\overline{)12.6}$

(4)
$39\overline{)23.4}$

(5)
$26\overline{)10.4}$

(6)
$47\overline{)42.3}$

(7)
$68\overline{)40.8}$

(8)
$17\overline{)11.9}$

(9)
$23\overline{)18.4}$

(10)
$27\overline{)10.8}$

(11)
$15\overline{)13.5}$

(12)
$35\overline{)24.5}$

(13)
$44\overline{)26.4}$

(14)
$29\overline{)20.3}$

(15)
$57\overline{)34.2}$

2. 소수의 나눗셈을 하시오.

(1)
$16\overline{)12.8}$

(2)
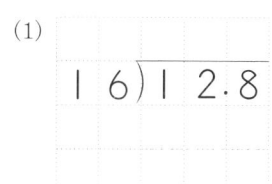
$27\overline{)13.5}$

(3)
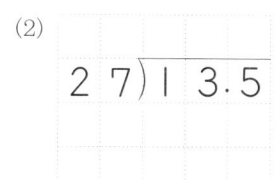
$49\overline{)19.6}$

(4)
$45\overline{)31.5}$

(5)
$39\overline{)23.4}$

(6)
$27\overline{)24.3}$

(7)
$19\overline{)13.3}$

(8)
$14\overline{)11.2}$

(9)
$58\overline{)17.4}$

(10)
$33\overline{)23.1}$

(11)
$26\overline{)10.4}$

(12)
$65\overline{)32.5}$

(13)
$29\overline{)17.4}$

(14)
$32\overline{)28.8}$

(15)
$68\overline{)54.4}$

64회 소수의 나눗셈 2
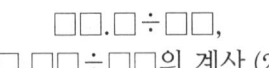의 계산 (2)

○ 월 ○ 일 이름

표준 완성 시간 4~5분 부모 확인란

평가	😊	😊	😟	😣
오답수	아주 잘함 : 0~2	잘함 : 3~4	보통 : 5~6	노력 바람 : 7~

1. 소수의 나눗셈을 하시오.

(1)
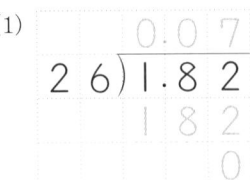

```
        0.0 7
  26)1.8 2
     1 8 2
         0
```

(2)
```
  46)2.7 6
```

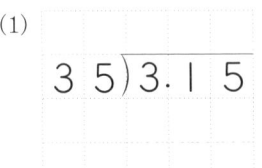

나누어지는 수가
나누는 수보다
작을 경우, 몫의 자리에
0을 써 줍니다.

(3)
```
  34)2.3 8
```

(4)
```
  24)1.4 4
```

(5)
```
  69)4.8 3
```

(6)
```
  37)1.8 5
```

(7)
```
  75)3.7 5
```

(8)
```
  53)3.7 1
```

(9)
```
  49)2.9 4
```

(10)
```
  18)1.4 4
```

(11)
```
  27)1.0 8
```

(12)
```
  82)3.2 8
```

(13)
```
  17)1.5 3
```

2. 소수의 나눗셈을 하시오.

(1)
```
  35)3.1 5
```

(2)
```
  37)2.2 2
```

(3)
```
  19)1.3 3
```

(4)
```
  55)3.8 5
```

(5)
```
  28)1.6 8
```

(6)
```
  79)6.3 2
```

(7)
```
  24)1.4 4
```

(8)
```
  36)2.5 2
```

(9)
```
  23)1.3 8
```

(10)
```
  39)2.7 3
```

(11)
```
  19)1.5 2
```

(12)
```
  88)3.5 2
```

(13)
```
  17)1.1 9
```

(14)
```
  26)1.8 2
```

(15)
```
  62)4.9 6
```

65회 소수의 나눗셈 2
□□.□÷□□, □.□□÷□□의 계산 (3)
표준 완성 시간 4~5분

○월 ○일 이름

부모 확인란

평가	😊	😊	😖	😣
오답수	아주 잘함 : 0~2	잘함 : 3~4	보통 : 5~6	노력 바람 : 7~

1. 소수의 나눗셈을 하시오.

(1)
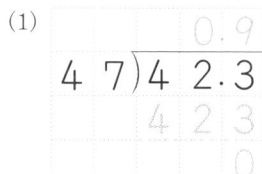
$47 \overline{)42.3}$ = 0.9
423
0

(2) $14 \overline{)11.2}$

(3) $59 \overline{)47.2}$

(4) $28 \overline{)25.2}$

(5) $49 \overline{)39.2}$

(6) $27 \overline{)18.9}$

(7) $57 \overline{)4.56}$

(8) $58 \overline{)5.22}$

(9) $94 \overline{)7.52}$

(10) $26 \overline{)2.08}$

(11) $36 \overline{)2.52}$

(12) $83 \overline{)5.81}$

(13) $58 \overline{)4.64}$

(14) $37 \overline{)2.96}$

(15) $29 \overline{)1.16}$

2. 소수의 나눗셈을 하시오.

(1) $49 \overline{)44.1}$

(2) $24 \overline{)19.2}$

(3) $17 \overline{)13.6}$

(4) $56 \overline{)39.2}$

(5) $38 \overline{)30.4}$

(6) $68 \overline{)40.8}$

(7) $29 \overline{)2.61}$

(8) $29 \overline{)1.45}$

(9) $19 \overline{)1.14}$

(10) $78 \overline{)3.12}$

(11) $46 \overline{)3.22}$

(12) $54 \overline{)4.86}$

(13) $76 \overline{)4.56}$

(14) $36 \overline{)2.88}$

(15) $35 \overline{)2.45}$

 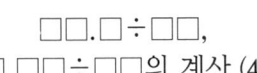
1. 소수의 나눗셈을 하시오.

(1)
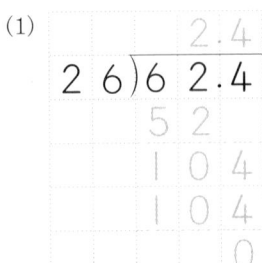

(2)
```
27)99.9
```

(3)
```
34)57.8
```

(4)
```
67)87.1
```

(5)
```
13)36.4
```

(6)
```
37)88.8
```

(7)
```
38)91.2
```

(8)
```
25)57.5
```

(9)
```
46)82.8
```

(10)
```
44)70.4
```

(11)
```
71)85.2
```

(12)
```
19)70.3
```

2. 소수의 나눗셈을 하시오.

(1)
```
39)50.7
```

(2)
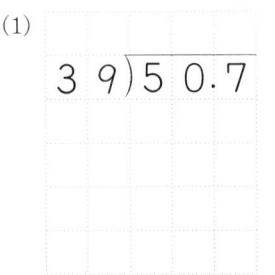

(3)
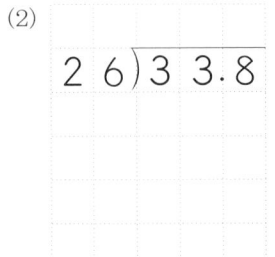

(4)
```
17)64.6
```

(5)
```
46)96.6
```

(6)
```
23)80.5
```

(7)
```
57)91.2
```

(8)
```
29)69.6
```

(9)
```
34)88.4
```

(10)
```
26)67.6
```

(11)
```
24)86.4
```

(12)
```
76)98.8
```

1. 소수의 나눗셈을 하시오.

(1)
```
        0.2 8
  17)4.7 6
     3 4
     1 3 6
     1 3 6
           0
```

(2)
```
  28)7.5 6
```

(3)
```
  36)9.7 2
```

(4)
```
  29)8.4 1
```

(5)
```
  54)9.1 8
```

(6)
```
  32)7.6 8
```

(7)
```
  13)7.5 4
```

(8)
```
  74)8.8 8
```

(9)
```
  46)8.2 8
```

(10)
```
  57)9.1 2
```

(11)
```
  38)9.8 8
```

(12)
```
  26)3.6 4
```

2. 소수의 나눗셈을 하시오.

(1)
```
  23)5.7 5
```

(2)
```
  16)3.8 4
```

(3)
```
  26)4.6 8
```

(4)
```
  37)9.6 2
```

(5)
```
  25)9.7 5
```

(6)
```
  17)4.2 5
```

(7)
```
  47)8.4 6
```

(8)
```
  36)5.7 6
```

(9)
```
  24)5.7 6
```

(10)
```
  55)9.3 5
```

(11)
```
  77)9.2 4
```

(12)
```
  36)9.3 6
```

 **68**회 소수의 나눗셈 2

□□.□÷□□,
□.□□÷□□의 계산 (6)

○ 월 ○ 일 이름

평가

오답수 아주 잘함:0~2 | 잘함:3~4 | 보통:5~6 | 노력 바람:7~

---

1. 소수의 나눗셈을 하시오.

(1)
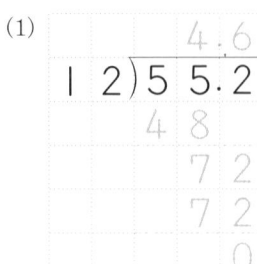

(2)

(3)

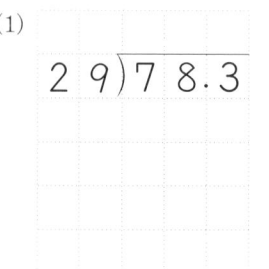

(4)
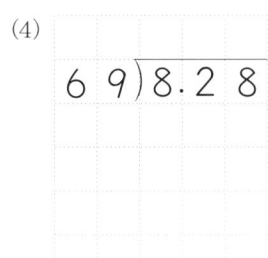

(5)
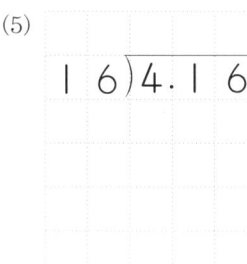

(6)
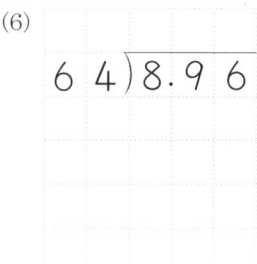

(7)
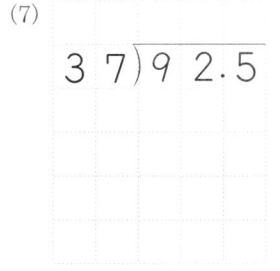

(8)
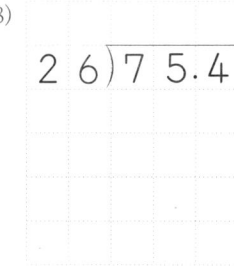

(9)

(10)
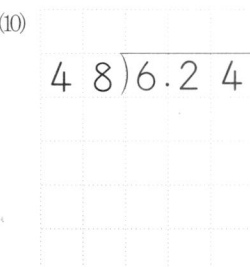

(11)
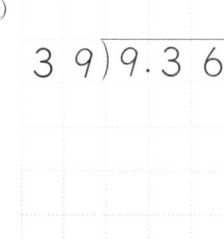

(12)
$57\overline{)7.41}$

---

2. 소수의 나눗셈을 하시오.

(1)
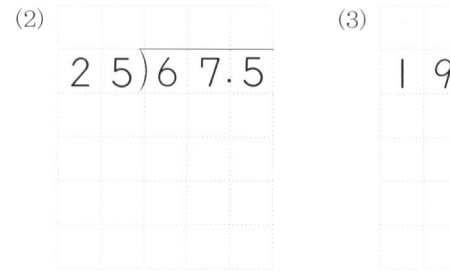

(2)
$25\overline{)67.5}$

(3)
$19\overline{)98.8}$

(4)
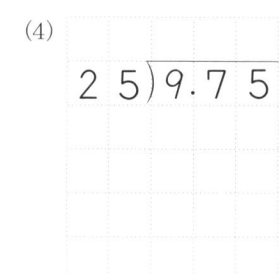

(5)
$16\overline{)6.72}$

(6)

(7)
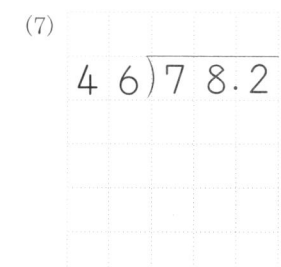

(8)
$18\overline{)43.2}$

(9)
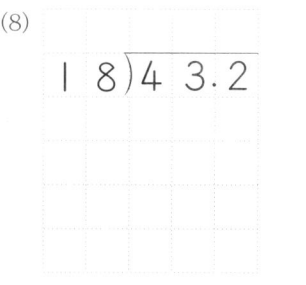

(10)
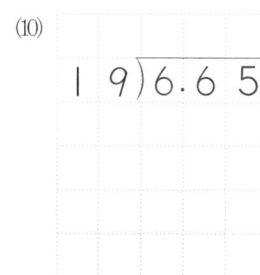

(11)
$37\overline{)5.92}$

(12)
$14\overline{)3.78}$

1. 소수의 나눗셈을 하시오.

(1)
```
        6.5
 47)3 0 5.5
     2 8 2
       2 3 5
       2 3 5
           0
```

(2)
```
 86)5 0 7.4
```

(3)
```
 55)2 5 8.5
```

(4)
```
 73)6 4 9.7
```

(5)
```
 27)2 6 1.9
```

(6)
```
 64)4 7 3.6
```

(7)
```
 28)2 3 5.2
```

(8)
```
 91)5 2 7.8
```

(9)
```
 83)7 2 2.1
```

(10)
```
 46)4 3 2.4
```

(11)
```
 65)6 3 0.5
```

(12)
```
 58)4 4 6.6
```

2. 소수의 나눗셈을 하시오.

(1)
```
 94)8 0 8.4
```

(2)
```
 68)4 6 2.4
```

(3)
```
 35)2 5 5.5
```

(4)
```
 44)2 7 7.2
```

(5)
```
 76)3 1 9.2
```

(6)
```
 23)1 9 7.8
```

(7)
```
 59)5 1 3.3
```

(8)
```
 84)6 2 1.6
```

(9)
```
 97)6 4 9.9
```

(10)
```
 37)3 5 8.9
```

(11)
```
 43)4 0 8.5
```

(12)
```
 78)7 4 8.8
```

 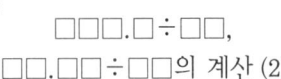

1. 소수의 나눗셈을 하시오.

(1)
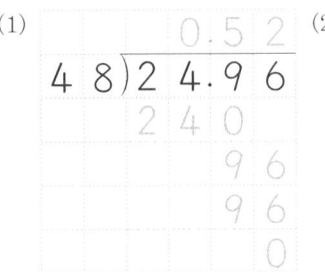

```
        0.5 2
  48)2 4.9 6
     2 4 0
         9 6
         9 6
           0
```

(2)
```
  95)7 8.8 5
```

(3)
```
  36)1 6.9 2
```

(4)
```
  69)2 0.0 1
```

(5)
```
  84)4 8.7 2
```

(6)
```
  25)2 4.2 5
```

(7)
```
  57)3 5.9 1
```

(8)
```
  76)6 0.0 4
```

(9)
```
  29)1 2.1 8
```

(10)
```
  85)6 2.0 5
```

(11)
```
  76)4 1.0 4
```

(12)
```
  56)5 2.0 8
```

2. 소수의 나눗셈을 하시오.

(1)
```
  64)3 6.4 8
```

(2)
```
  39)2 9.2 5
```

(3)
```
  79)2 1.3 3
```

(4)
```
  45)3 1.0 5
```

(5)
```
  87)6 5.2 5
```

(6)
```
  52)4 0.5 6
```

(7)
```
  26)1 6.6 4
```

(8)
```
  96)5 0.8 8
```

(9)
```
  34)2 4.8 2
```

(10)
```
  46)2 1.1 6
```

(11)
```
  83)7 8.0 2
```

(12)
```
  67)4 8.2 4
```

표준 완성 시간 5~6분

부모 확인란

평가	😊	😊	😣	😣
오답수	아주 잘함 : 0~2	잘함 : 3~4	보통 : 5~6	노력 바람 : 7~

1. 소수의 나눗셈을 하시오.

(1)
```
        5.8
   62)359.6
      310
       496
       496
         0
```

(2)
```
   24)187.2
```

(3)
```
   16)124.8
```

(4)
```
   45)283.5
```

(5)
```
   57)433.2
```

(6)
```
   95)693.5
```

(7)
```
   35)29.05
```

(8)
```
   78)65.52
```

(9)
```
   64)31.36
```

(10)
```
   17)13.43
```

(11)
```
   23)22.54
```

(12)
```
   46)40.94
```

2. 소수의 나눗셈을 하시오.

(1)
```
   49)328.3
```

(2)
```
   92)883.2
```

(3)
```
   37)344.1
```

(4)
```
   56)240.8
```

(5)
```
   62)489.8
```

(6)
```
   18)156.6
```

(7)
```
   72)41.04
```

(8)
```
   47)37.13
```

(9)
```
   82)29.52
```

(10)
```
   28)20.44
```

(11)
```
   98)25.48
```

(12)
```
   39)30.42
```

72회 소수의 나눗셈 2 □□.□÷□□, □.□□÷□□ (나머지 있음) (1)

표준 완성 시간 4~5분

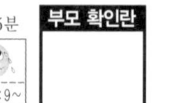
부모 확인란

○월 ○일 이름

평가	☺	☺	☺	☺
오답수	아주 잘함 : 0~2	잘함 : 3~5	보통 : 6~8	노력 바람 : 9~

1. 나눗셈의 몫을 소수 첫째 자리까지 구하고, 나머지도 알아보시오.

(1)
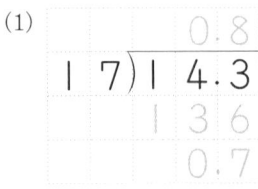

```
      0.8
  17)14.3
     13 6
      0.7
```

(2)

```
  39)33.1
```

(3)

```
  48)28.9
```

(4)

```
  27)23.4
```

(5)

```
  56)39.4
```

(6)

```
  18)11.6
```

(7)

```
  18)13.4
```

(8)

```
  24)21.1
```

(9)

```
  49)27.2
```

(10)

```
  66)39.8
```

(11)

```
  25)19.1
```

(12)

```
  37)22.5
```

(13)

```
  28)18.3
```

(14)

```
  59)30.2
```

(15)

```
  27)17.1
```

2. 나눗셈의 몫을 소수 첫째 자리까지 구하고, 나머지도 알아보시오.

(1)
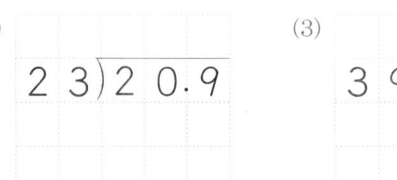

```
  14)12.1
```

(2)
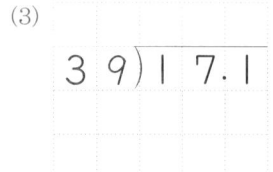

```
  23)20.9
```

(3)

```
  39)17.1
```

(4)

```
  46)35.1
```

(5)

```
  38)17.1
```

(6)

```
  26)11.2
```

(7)

```
  29)12.8
```

(8)

```
  16)13.6
```

(9)

```
  19)11.9
```

(10)

```
  23)17.6
```

(11)

```
  27)15.2
```

(12)

```
  48)36.3
```

(13)

```
  39)28.1
```

(14)

```
  74)59.8
```

(15)

```
  68)59.2
```

73회 **소수의 나눗셈 2**
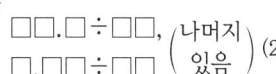   (2)
○월 ○일 이름

표준 완성 시간 4~5분
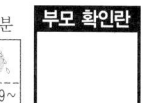

부모 확인란

평가	😊	🙂	😟	😣
오답수	아주 잘함 : 0~2	잘함 : 3~5	보통 : 6~8	노력 바람 : 9~

1. 나눗셈의 몫을 소수 둘째 자리까지 구하고, 나머지도 알아보시오.

(1)
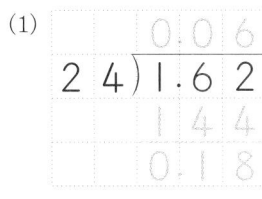
```
      0.06
  24)1.62
      144
      0.18
```

(2)
```
  59)3.81
```

(3)
```
  34)2.94
```

(4)
```
  38)2.84
```

(5)
```
  26)2.22
```

(6)
```
  46)1.63
```

(7)
```
  18)1.52
```

(8)
```
  69)5.29
```

(9)
```
  58)4.44
```

(10)
```
  28)2.41
```

(11)
```
  79)6.91
```

(12)
```
  53)3.41
```

(13)
```
  27)1.31
```

(14)
```
  49)3.49
```

(15)
```
  17)1.39
```

2. 나눗셈의 몫을 소수 둘째 자리까지 구하고, 나머지도 알아보시오.

(1)
```
  37)2.75
```

(2)
```
  35)1.34
```

(3)
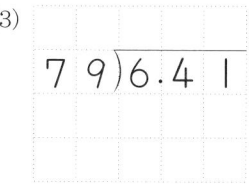
```
  79)6.41
```

(4)
```
  15)1.13
```

(5)
```
  19)1.42
```

(6)
```
  47)2.99
```

(7)
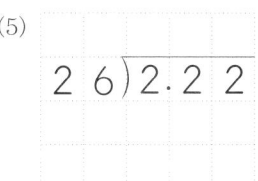
```
  45)3.48
```

(8)
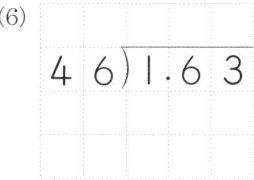
```
  69)2.92
```

(9)
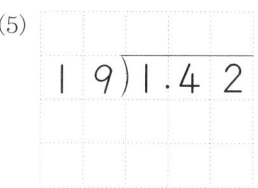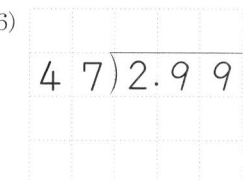
```
  24)1.73
```

(10)
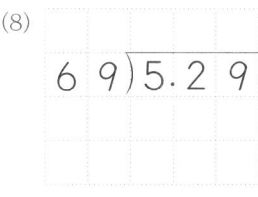
```
  23)2.02
```

(11)
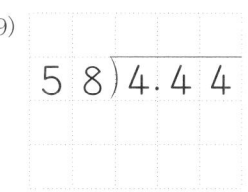
```
  19)1.22
```

(12)
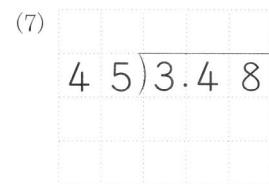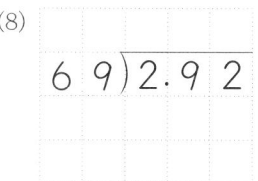
```
  17)1.11
```

(13)
```
  13)1.26
```

(14)
```
  26)2.01
```

(15)
```
  36)3.03
```

1. 소수의 몫을 소수 첫째 자리까지 구하고, 나머지도 알아보시오.

(1)
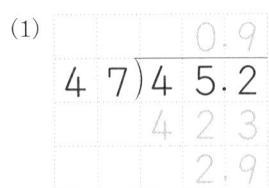
```
      0.9
47)45.2
   4 2 3
     2.9
```

(2)
```
38)16.8
```

(3)
```
65)55.9
```

(4)
```
26)25.2
```

(5)
```
49)32.3
```

(6)
```
17)12.9
```

(7)
```
36)27.1
```

(8)
```
14)12.1
```

(9)
```
94)92.3
```

(10)
```
23)17.1
```

(11)
```
37)32.4
```

(12)
```
29)13.3
```

(13)
```
58)49.7
```

(14)
```
57)50.4
```

(15)
```
48)30.1
```

2. 소수의 몫을 소수 둘째 자리까지 구하고, 나머지도 알아보시오.

(1)

```
68)6.63
```

(2)
```
17)1.45
```

(3)
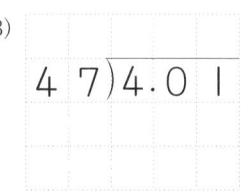
```
47)4.01
```

(4)
```
59)4.54
```

(5)
```
27)2.12
```

(6)
```
48)4.18
```

(7)

```
39)2.22
```

(8)
```
39)3.75
```

(9)
```
29)1.91
```

(10)
```
28)1.24
```

(11)
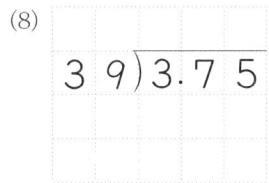
```
16)1.21
```

(12)
```
77)3.43
```

(13)
```
64)3.25
```

(14)
```
36)3.16
```

(15)
```
14)1.35
```

 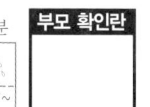
1. 나눗셈의 몫을 소수 첫째 자리까지 구하고, 나머지도 알아보시오.

(1)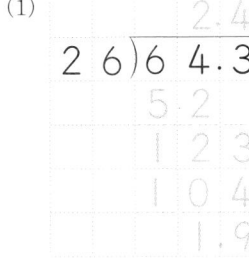
26)64.3 → 2.4 / 5 2 / 1 2 3 / 1 0 4 / 1.9

(2) 26)92.4

(3) 34)60.1

(4) 29)36.3

(5) 16)61.7

(6) 37)65.4

(7) 38)94.1

(8) 27)74.2

(9) 17)65.4

(10) 28)66.8

(11) 19)71.2

(12) 72)96.7

2. 나눗셈의 몫을 소수 첫째 자리까지 구하고, 나머지도 알아보시오.

(1) 39)92.2

(2) 54)94.2

(3) 29)75.5

(4) 13)37.1

(5) 46)99.4

(6) 24)82.3

(7) 26)87.1

(8) 18)83.6

(9) 39)52.1

(10) 47)69.5

(11) 23)88.1

(12) 66)94.8

  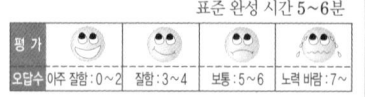
1. 나눗셈의 몫을 소수 둘째 자리까지 구하고, 나머지도 알아보시오.

(1)
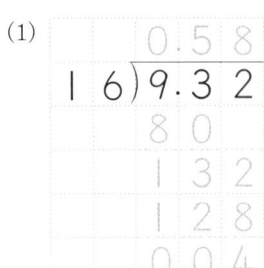

(2)
$29\overline{)9.91}$

(3)
$32\overline{)8.72}$

(4)
$54\overline{)9.34}$

(5)
$28\overline{)6.91}$

(6)
$74\overline{)9.56}$

(7)
$13\overline{)8.92}$

(8)
$36\overline{)8.82}$

(9)
$27\overline{)7.72}$

(10)
$18\overline{)8.41}$

(11)
$38\overline{)9.31}$

(12)
$26\overline{)4.02}$

2. 나눗셈의 몫을 소수 둘째 자리까지 구하고, 나머지도 알아보시오.

(1)
$24\overline{)5.93}$

(2)
$19\overline{)9.02}$

(3)
$23\overline{)5.92}$

(4)
$38\overline{)9.17}$

(5)
$25\overline{)9.38}$

(6)
$17\overline{)4.52}$

(7)
$47\overline{)8.51}$

(8)
$57\overline{)9.51}$

(9)
$28\overline{)9.71}$

(10)
$16\overline{)3.93}$

(11)
$75\overline{)9.92}$

(12)
$39\overline{)7.56}$

1. 나눗셈의 몫을 소수 첫째 자리까지 구하고, 나머지도 알아보시오.

(1) 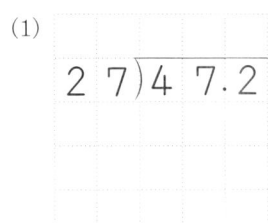	(2)	(3)
2 7) 4 7 . 2	1 6) 5 5 . 5	1 9) 5 2 . 3

(4)	(5)	(6)
6 9) 9 4 . 8	2 9) 4 8 . 2	2 7) 6 9 . 2

(7)	(8)	(9)
2 6) 7 7 . 1	1 2) 4 5 . 2	1 9) 3 1 . 2

(10)	(11)	(12)
5 7) 7 7 . 7	3 5) 9 3 . 2	1 8) 5 3 . 1

2. 나눗셈의 몫을 소수 둘째 자리까지 구하고, 나머지도 알아보시오.

(1) 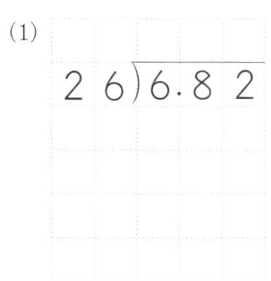	(2)	(3)
2 6) 6 . 8 2	2 5) 9 . 8 7	1 9) 6 . 7 2

(4)	(5)	(6)
2 4) 6 . 8 3	3 3) 6 . 5 6	2 6) 7 . 6 7

(7)	(8)
1 9) 9 . 9 6	1 7) 6 . 2 1

(9)	(10)
2 9) 8 . 0 2	1 8) 4 . 4 1

나머지의 소수점은 나누어지는 수의 소수점의 위치에 맞추어 찍으세요.

1. 나눗셈의 몫을 소수 첫째 자리까지 구하고, 나머지도 알아보시오.

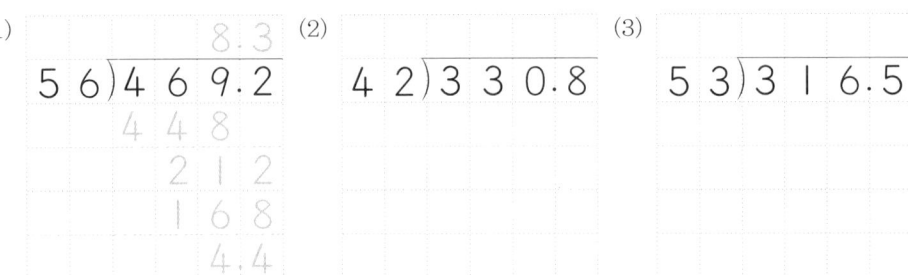

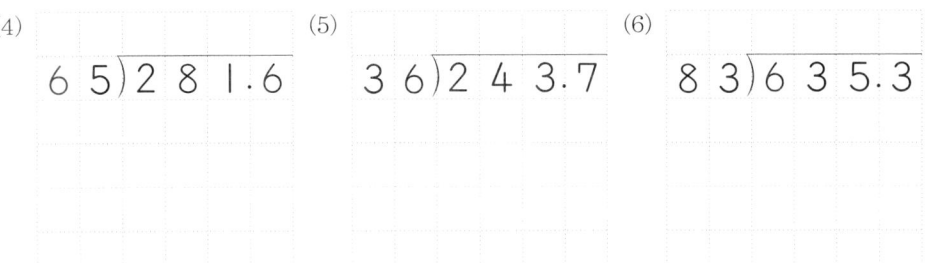

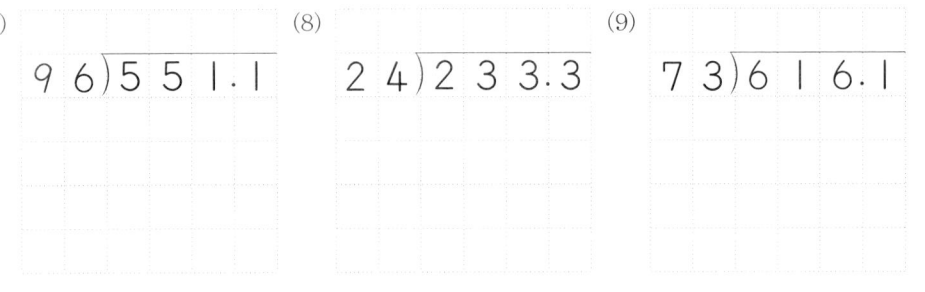

2. 나눗셈의 몫을 소수 첫째 자리까지 구하고, 나머지도 알아보시오.

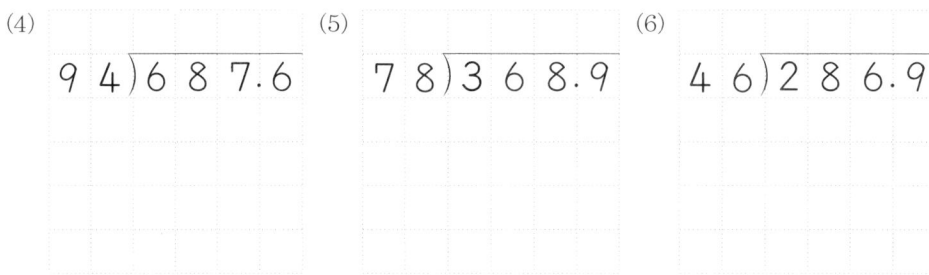

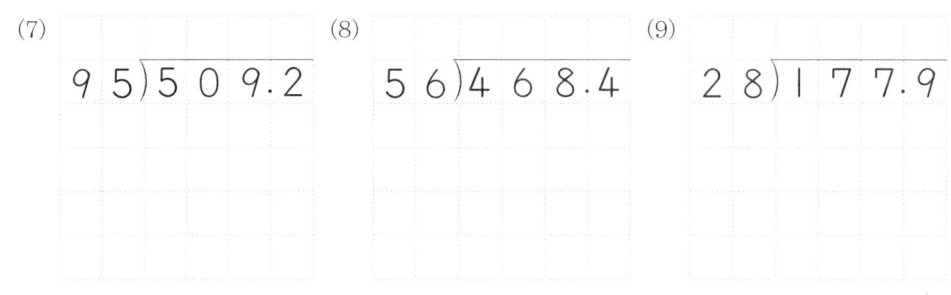

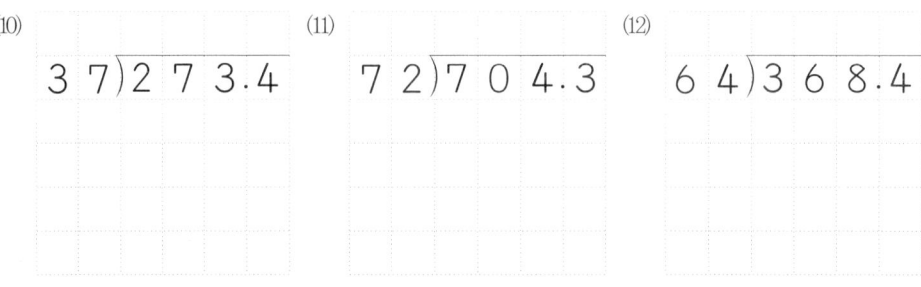

표준 완성 시간 5~6분 부모 확인란

평가	😊	😄	😟	😫
오답수	아주 잘함 : 0~2	잘함 : 3~4	보통 : 5~6	노력 바람 : 7~

1. 나눗셈의 몫을 소수 둘째 자리까지 구하고, 나머지도 알아보시오.

(1)
```
        0.4 6
  4 8 ) 2 2.3 2
        1 9 2
          3 1 2
          2 8 8
          0.2 4
```

(2)
```
  6 3 ) 2 4.9 9
```

(3)
```
  8 4 ) 4 4.6 7
```

(4)
```
  3 7 ) 1 9.4 1
```

(5)
```
  4 6 ) 3 6.6 2
```

(6)
```
  5 8 ) 5 0.7 4
```

(7)
```
  6 8 ) 5 8.8 5
```

(8)
```
  7 5 ) 6 2.7 1
```

(9)
```
  4 5 ) 3 1.4 3
```

(10)
```
  8 6 ) 4 5.8 1
```

(11)
```
  5 9 ) 2 5.6 2
```

(12)
```
  7 8 ) 7 1.9 1
```

2. 나눗셈의 몫을 소수 둘째 자리까지 구하고, 나머지도 알아보시오.

(1)
```
  3 4 ) 3 1.7 5
```

(2)
```
  2 8 ) 2 0.7 1
```

(3)
```
  6 9 ) 5 7.5 2
```

(4)
```
  7 3 ) 6 2.9 3
```

(5)
```
  9 4 ) 3 7.0 4
```

(6)
```
  4 6 ) 1 9.9 7
```

(7)
```
  8 7 ) 4 7.3 6
```

(8)
```
  5 6 ) 2 4.5 3
```

(9)
```
  2 4 ) 1 5.2 7
```

(10)
```
  7 6 ) 4 1.4 1
```

(11)
```
  6 3 ) 3 7.6 3
```

(12)
```
  3 9 ) 2 0.9 2
```

  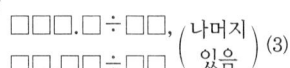   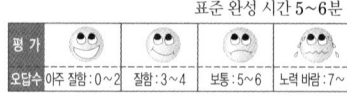 

1. 나눗셈의 몫을 소수 첫째 자리까지 구하고, 나머지도 알아보시오.

(1)
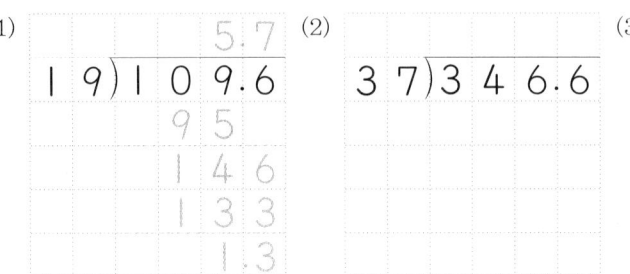

(2) (3)

(4)
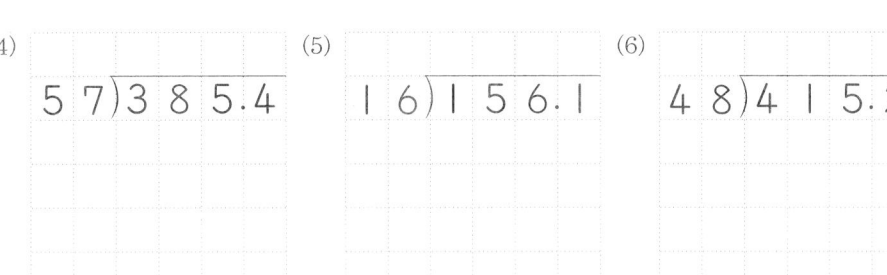

(5) (6)

(7)
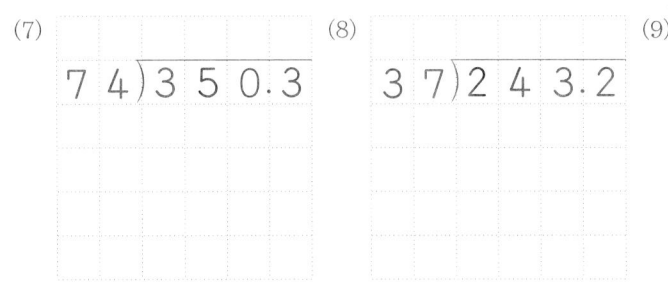

(8) (9)

(10)
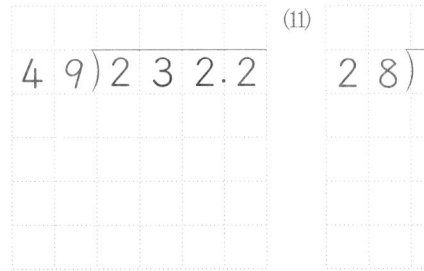

(11)
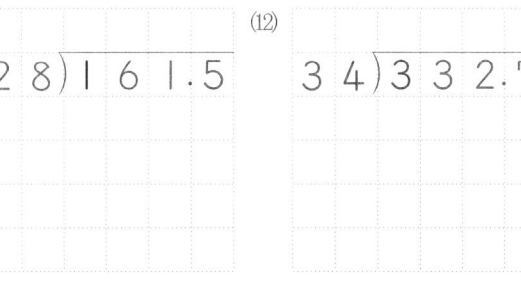

(12)

2. 나눗셈의 몫을 소수 둘째 자리까지 구하고, 나머지도 알아보시오.

(1)
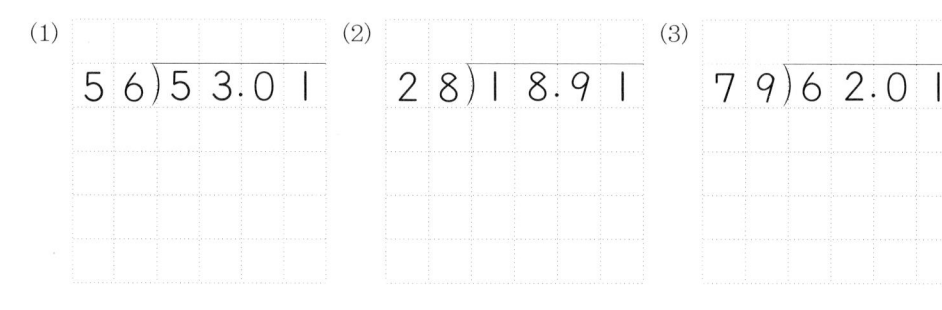

(2) (3)

(4)
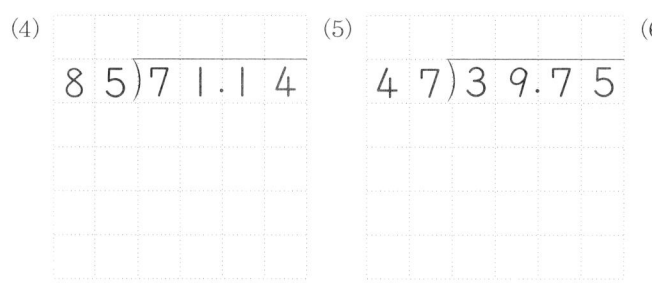

(5) (6)

(7)
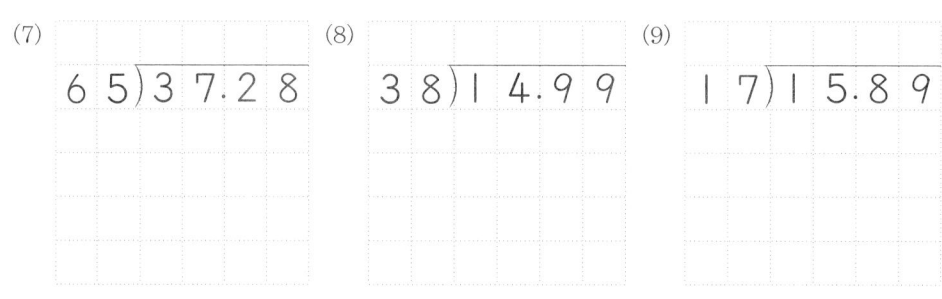

(8) (9)

(10)
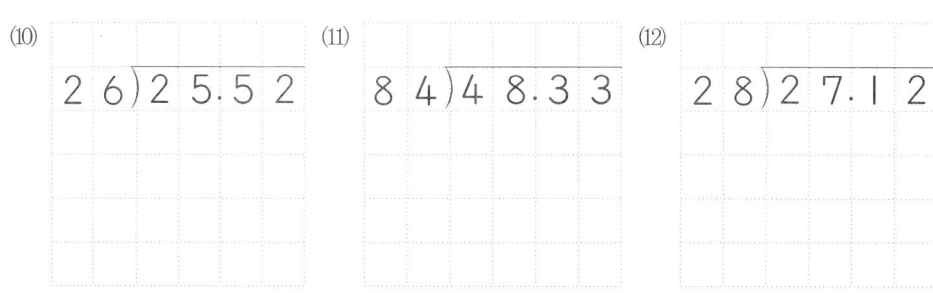

(11) (12)

 81회 소수의 나눗셈 3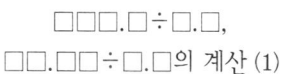
□□□.□÷□.□,
□□.□□÷□.□의 계산 (1)
○ 월 ○ 일 이름
표준 완성 시간 5~6분
부모 확인란
평가 😊 😊 😐 😫
오답수 아주 잘함 : 0~2 잘함 : 3~4 보통 : 5~6 노력 바람 : 7~

1. 소수의 나눗셈을 하시오.

(1)
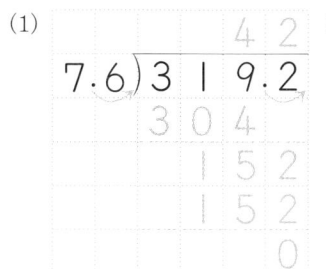

(2)
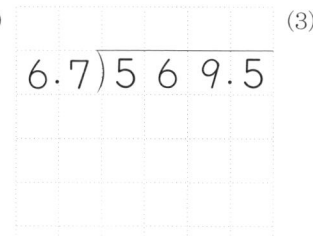

(3)
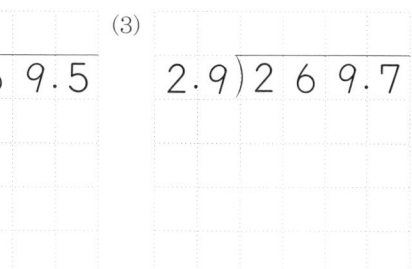

(4)
$8.3\overline{)373.5}$

(5)
$3.8\overline{)277.4}$

(6)
$5.6\overline{)464.8}$

(7)
$9.3\overline{)604.5}$

(8)
$4.9\overline{)475.3}$

(9)
$8.7\overline{)748.2}$

(10)
$6.3\overline{)403.2}$

(11)
$5.7\overline{)279.3}$

(12)
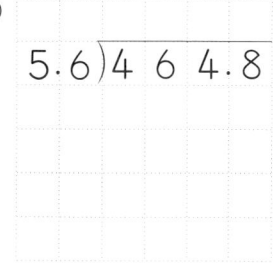

2. 소수의 나눗셈을 하시오.

(1)
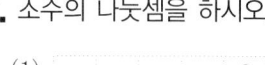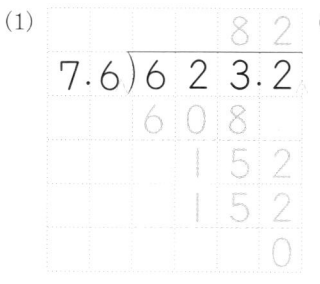

(2)
$5.8\overline{)266.8}$

(3)
$6.9\overline{)434.7}$

(4)
$2.7\overline{)175.5}$

(5)
$3.5\overline{)325.5}$

(6)
$8.4\overline{)529.2}$

(7)
$9.5\overline{)826.5}$

(8)
$3.6\overline{)302.4}$

(9)
$4.6\overline{)128.8}$

(10)
$7.8\overline{)569.4}$

(11)
$8.8\overline{)730.4}$

소수점을 옮겨 계산한 후,
몫의 소수점은 옮긴 소수점의
위치에 맞추어 찍습니다.

  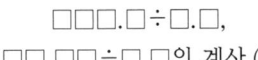

1. 소수의 나눗셈을 하시오.

(1)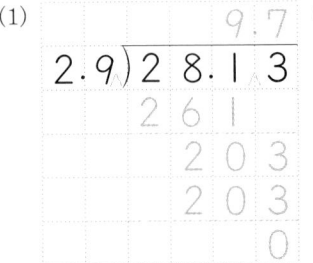

(2)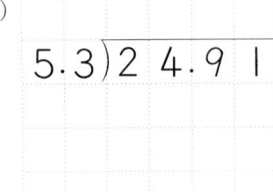

(3)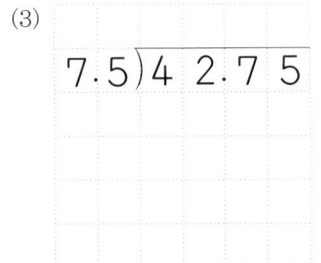

(4)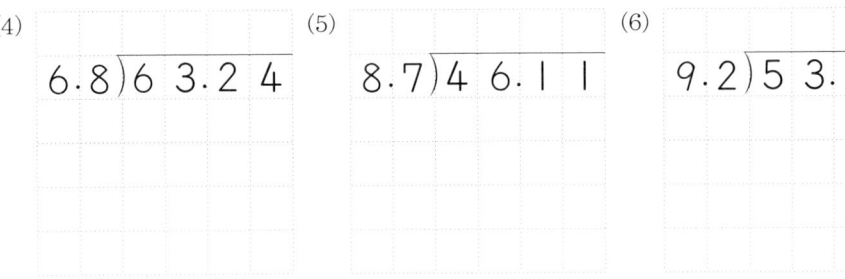

(5)

(6)

(7)

(8)

(9)

(10)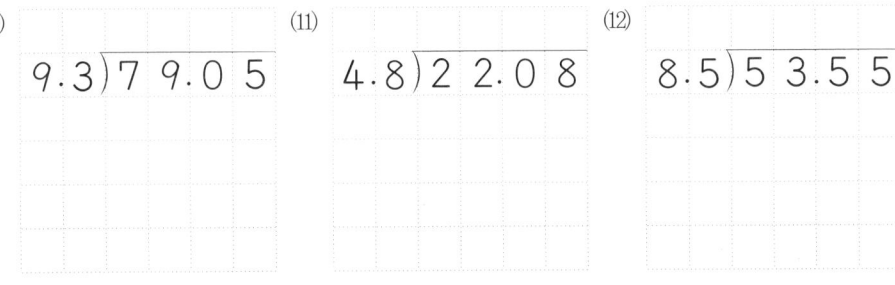

(11)

(12)

2. 소수의 나눗셈을 하시오.

(1)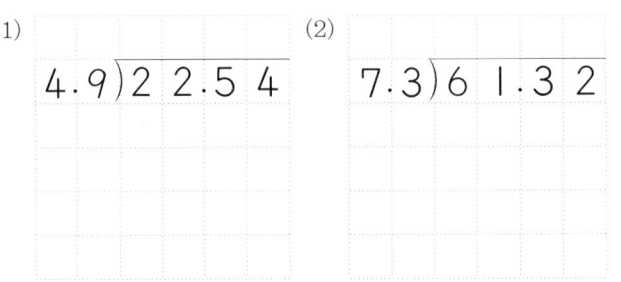

(2)

(3)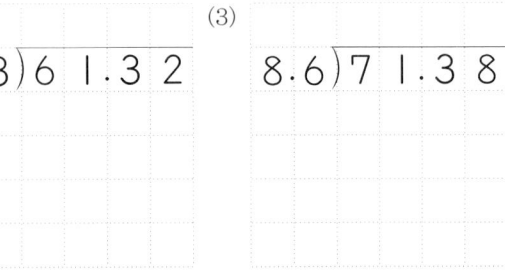

(4)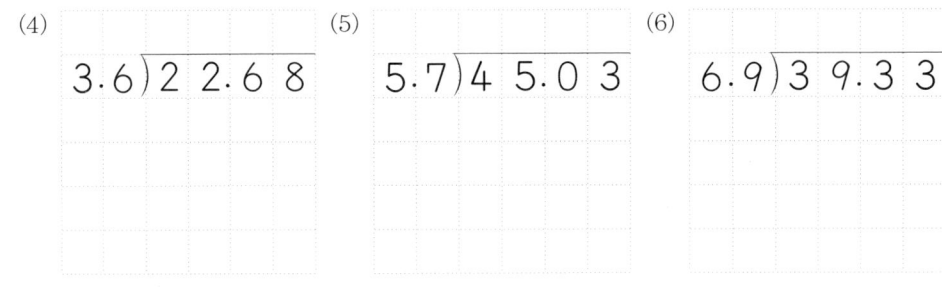

(5)

(6)

(7)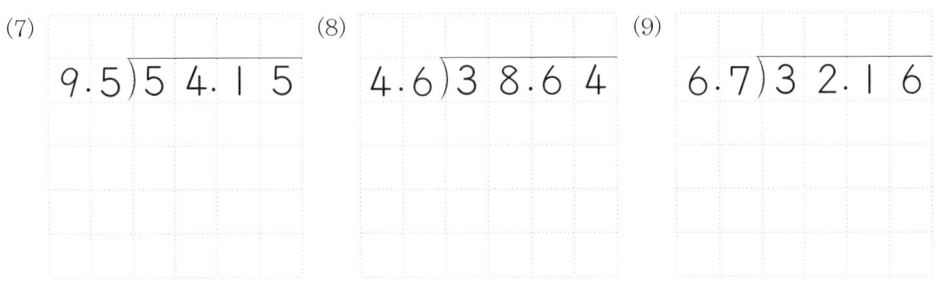

(8)

(9)

(10)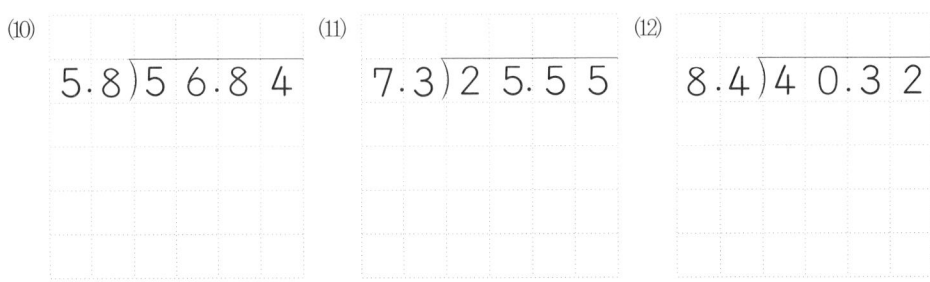

(11)

(12)

83회 소수의 나눗셈 3
□□□.□÷□.□, □□.□□÷□.□의 계산 (3)
○ 월 ○ 일 이름

표준 완성 시간 5~6분
부모 확인란

평가
오답수 아주 잘함 : 0~2 잘함 : 3~4 보통 : 5~6 노력 바람 : 7~

1. 소수의 나눗셈을 하시오.

(1)
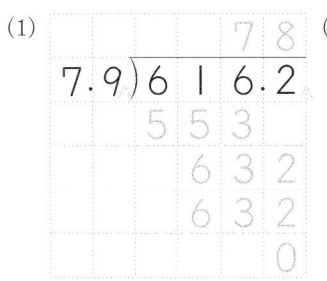

(2)
$4.5\overline{)238.5}$

(3)
$5.8\overline{)475.6}$

(4)
$3.4\overline{)200.6}$

(5)
$6.5\overline{)474.5}$

(6)
$8.4\overline{)386.4}$

(7)
$6.8\overline{)63.24}$

(8)
$9.4\overline{)78.02}$

(9)
$4.2\overline{)15.12}$

(10)
$8.9\overline{)70.31}$

(11)
$2.7\overline{)20.25}$

(12)
$3.6\overline{)29.88}$

2. 소수의 나눗셈을 하시오.

(1)
$1.6\overline{)124.8}$

(2)
$2.5\overline{)182.5}$

(3)
$3.6\overline{)244.8}$

(4)
$2.7\overline{)251.1}$

(5)
$6.7\overline{)422.1}$

(6)
$1.7\overline{)107.1}$

(7)
$6.6\overline{)57.42}$

(8)
$1.9\overline{)18.05}$

(9)
$4.7\overline{)37.13}$

(10)
$3.9\overline{)32.37}$

(11)
$5.3\overline{)23.85}$

(12)
$8.2\overline{)29.52}$

 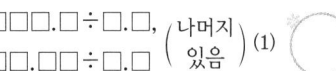

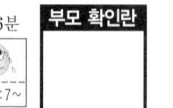
1. 나눗셈의 몫을 자연수 부분까지 구하고, 나머지를 알아보시오.

(1)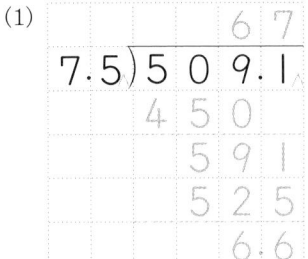

(2)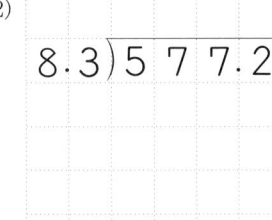

(3)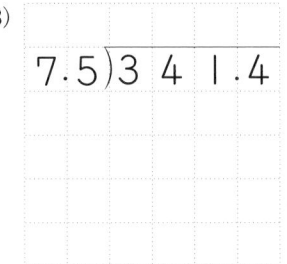

(4) (5) (6)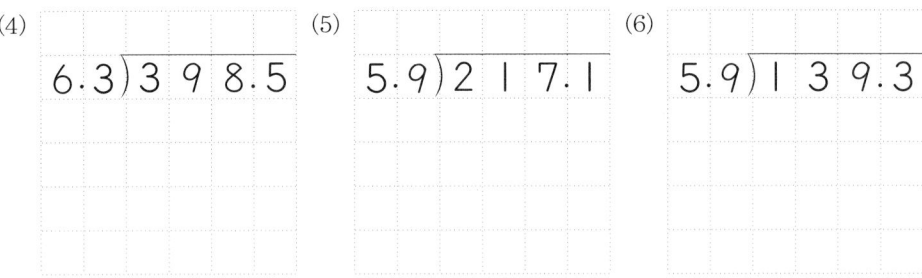

(7) (8) (9)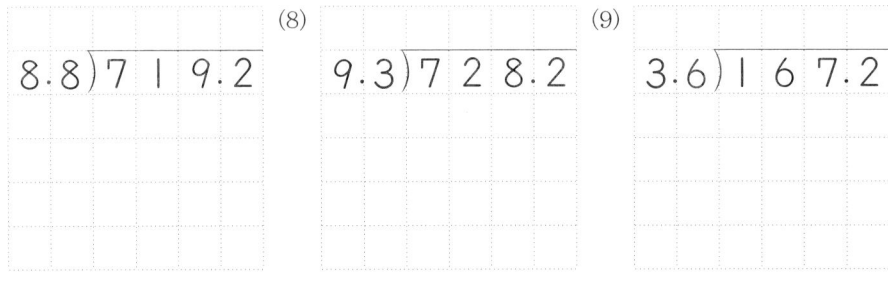

(10) (11) (12)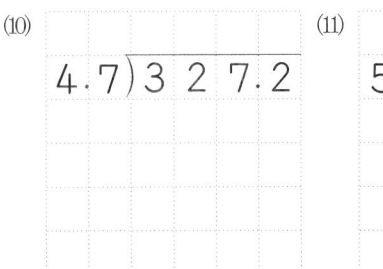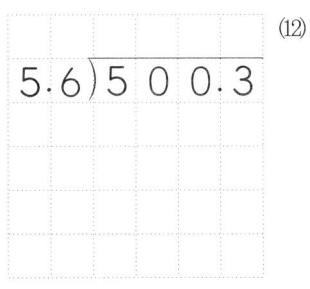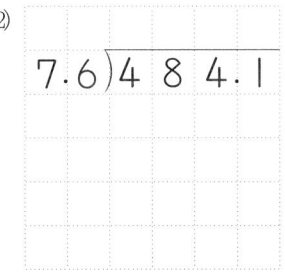

2. 나눗셈의 몫을 자연수 부분까지 구하고, 나머지를 알아보시오.

(1) (2) (3)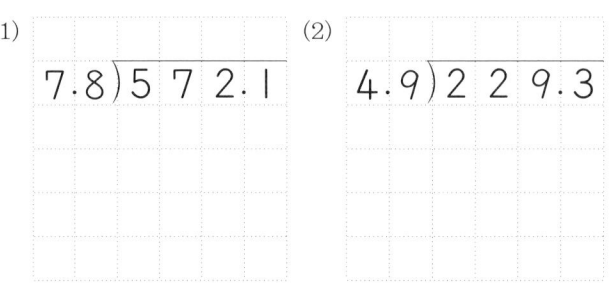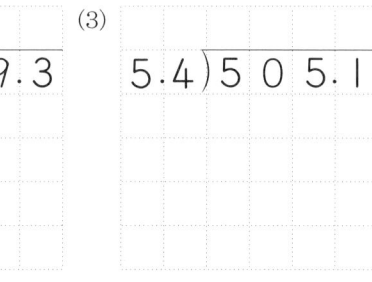

(4) (5) (6)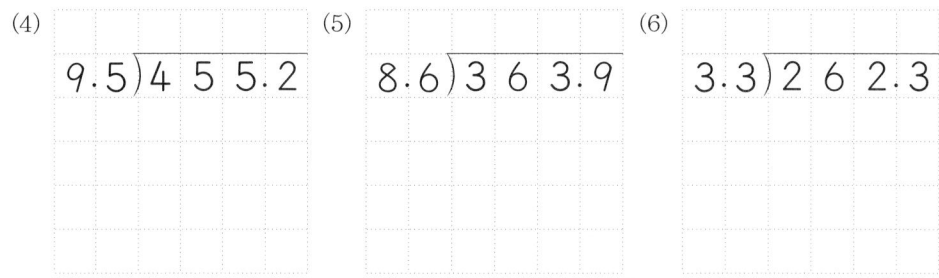

(7) (8) (9)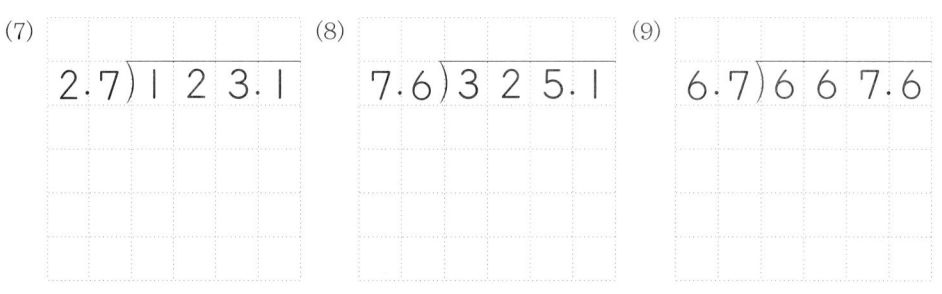

(10) (11) (12)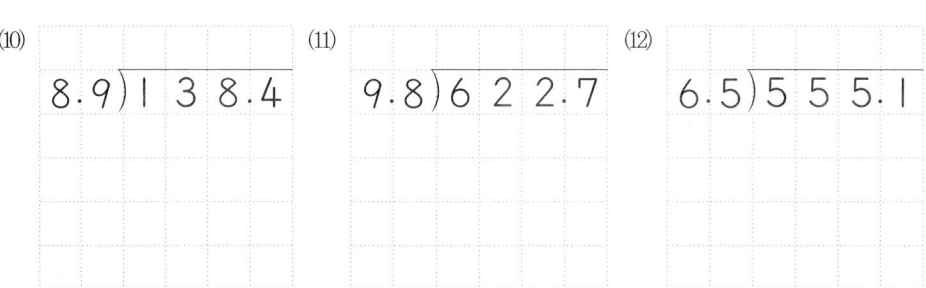

85회 소수의 나눗셈 3

$$\square\square\square.\square \div \square.\square, \quad (나머지 있음)$$
$$\square\square.\square\square \div \square.\square$$

(2) ◯월 ◯일 이름

표준 완성 시간 5~6분

부모 확인란

| 평가 | 아주 잘함 : 0~2 | 잘함 : 3~4 | 보통 : 5~6 | 노력 바람 : 7~ |

1. 나눗셈의 몫을 소수 첫째 자리까지 구하고, 나머지도 알아보시오.

(1)
$$3.6 \overline{)34.73}$$
몫 9.6
3 2 4
2 3 3
2 1 6
0 . 1 7

(2)
$$6.8 \overline{)28.93}$$

(3)
$$7.8 \overline{)65.25}$$

(4)
$$4.9 \overline{)45.93}$$

(5)
$$7.4 \overline{)39.51}$$

(6)
$$6.9 \overline{)57.63}$$

(7)
$$6.5 \overline{)47.61}$$

(8)
$$5.3 \overline{)24.57}$$

(9)
$$2.3 \overline{)22.72}$$

(10)
$$7.7 \overline{)53.42}$$

(11)
$$4.6 \overline{)36.63}$$

(12)
$$7.3 \overline{)66.66}$$

2. 나눗셈의 몫을 소수 첫째 자리까지 구하고, 나머지도 알아보시오.

(1)
$$8.8 \overline{)47.08}$$

(2)
$$4.9 \overline{)45.82}$$

(3)
$$7.5 \overline{)62.43}$$

(4)
$$7.8 \overline{)20.96}$$

(5)
$$9.4 \overline{)37.04}$$

(6)
$$6.6 \overline{)36.01}$$

(7)
$$6.3 \overline{)55.06}$$

(8)
$$4.8 \overline{)23.23}$$

(9)
$$7.9 \overline{)36.03}$$

(10)
$$7.4 \overline{)51.51}$$

나머지의 소수점의 위치는 나누어지는 수의 처음 소수점의 위치에 맞추어 찍습니다.

86회 **소수의 나눗셈 3**

□□□.□÷□.□,
□□.□□÷□.□ (나머지 있음) (3)

○월 ○일 이름

표준 완성 시간 5~6분

부모 확인란

평가

오답수 | 아주 잘함 : 0~2 | 잘함 : 3~4 | 보통 : 5~6 | 노력 바람 : 7~

1. 나눗셈의 몫을 자연수 부분까지 구하고, 나머지도 알아보시오.

(1)
```
        9 3
3.7)3 4 6.6
    3 3 3
      1 3 6
      1 1 1
        2.5
```

(2)
```
2.8)2 7 6.2
```

(3)
```
2.7)2 1 2.2
```

(4)
```
1.8)1 2 5.1
```

(5)
```
8.6)6 3 2.5
```

(6)
```
6.6)5 0 5.1
```

(7)
```
4.5)3 0 4.2
```

(8)
```
2.9)2 7 1.6
```

(9)
```
6.3)4 7 6.1
```

(10)
```
2.4)1 8 4.3
```

(11)
```
3.9)2 7 2.7
```

(12)
```
1.5)1 4 0.2
```

2. 나눗셈의 몫을 소수 첫째 자리까지 구하고, 나머지도 알아보시오.

(1)
```
3.7)3 4.7 2
```

(2)
```
8.6)5 1.4 3
```

(3)
```
1.9)1 5.1 4
```

(4)
```
6.7)2 4.4 1
```

(5)
```
4.6)2 2.8 3
```

(6)
```
7.2)4 2.0 4
```

(7)
```
2.5)2 1.9 3
```

(8)
```
8.7)5 6.9 3
```

(9)
```
3.4)2 2.2 2
```

(10)
```
9.2)4 3.1 1
```

(11)
```
3.8)1 4.9 7
```

(12)
```
4.9)3 5.6 3
```

6단계 내용

정답

3쪽

(1) 0.4	(2) 1.5	(3) 2.4	(4) 6.4
(5) 1.8	(6) 1.4	(7) 1.8	(8) 3.2
(9) 4.2	(10) 2.5	(11) 2.1	(12) 3.0
(13) 2.8	(14) 3.5	(15) 3.2	(16) 1.2
(17) 3.0	(18) 2.0	(19) 1.6	(20) 3.6
(21) 1.2	(22) 0.6	(23) 2.4	(24) 1.6
(25) 1.6	(26) 4.8	(27) 2.8	(28) 6.3
(29) 4.0	(30) 6.3	(31) 3.6	(32) 4.2
(33) 4.8	(34) 2.4	(35) 0.8	(36) 5.4
(37) 7.2	(38) 2.7	(39) 5.6	(40) 1.0
(41) 4.9	(42) 1.4	(43) 1.8	(44) 3.6
(45) 5.6	(46) 1.2	(47) 3.5	
(49) 2.4	(50) 2.7		

4쪽

(1) 1.0	(2) 2.8	(3) 1.8	(4) 1.8
(5) 3.2	(6) 2.7	(7) 2.5	(8) 5.6
(9) 4.2	(10) 1.5	(11) 3.0	(12) 7.2
(13) 2.8	(14) 4.5	(15) 1.0	(16) 1.8
(17) 4.2	(18) 1.5	(19) 6.4	(20) 4.0
(21) 2.1	(22) 3.2	(23) 6.3	(24) 2.7
(25) 6.3	(26) 1.8	(27) 4.5	(28) 4.0
(29) 0.6	(30) 3.6	(31) 1.4	(32) 5.4
(33) 1.2	(34) 3.5	(35) 3.6	(36) 2.0
(37) 4.8	(38) 5.6	(39) 3.5	(40) 2.4
(41) 4.9	(42) 2.1	(43) 8.1	(44) 4.8
(45) 1.5	(46) 5.4	(47) 4.0	

5쪽

(1) 4.2	(2) 0.4	(3) 2.7	(4) 4.8
(5) 2.7	(6) 5.6	(7) 0.8	(8) 3.0
(9) 1.8	(10) 1.5	(11) 1.6	(12) 3.6
(13) 1.8	(14) 4.9	(15) 1.0	(16) 0.1
(17) 0.5	(18) 3.2	(19) 1.2	(20) 3.0
(21) 4.5	(22) 1.8	(23) 0.7	(24) 0.6
(25) 1.0	(26) 1.4	(27) 7.2	(28) 3.6
(29) 1.2	(30) 3.6	(31) 0.4	(32) 2.8
(33) 0.9	(34) 2.0	(35) 5.6	(36) 4.5
(37) 0.2	(38) 3.2	(39) 2.1	

6쪽

(1) 2.1	(2) 3.2	(3) 2.5	(4) 2.4
(5) 1.0	(6) 5.6	(7) 1.2	(8) 1.5
(9) 1.6	(10) 2.1	(11) 0.3	(12) 0.8
(13) 2.8	(14) 1.4	(15) 1.2	(16) 7.2
(17) 3.5	(18) 3.2	(19) 2.0	(20) 0.7
(21) 3.2	(22) 5.6	(23) 0.9	(24) 2.1
(25) 3.5	(26) 0.4	(27) 4.2	(28) 4.0
(29) 3.6	(30) 4.8	(31) 0.7	(32) 2.4
(33) 6.3	(34) 0.6	(35) 3.2	(36) 3.6
(37) 0.4	(38) 0.6	(39) 3.0	(40) 4.9
(41) 4.8	(42) 4.0	(43) 1.5	(44) 2.4
(45) 0.9	(46) 4.2	(47) 0.5	(48) 3.6
(49) 1.8	(50) 6.4	(51) 4.2	(52) 8.1
(53) 2.1	(54) 0.6	(55) 0.8	(56) 7.2
(57) 0.3	(58) 2.0	(59) 5.6	(60) 0.6
(61) 2.7	(62) 4.8	(63) 0.1	(64) 1.2
(65) 4.5	(66) 2.8	(67) 0.9	(68) 5.6
(69) 0.8	(70) 6.3	(71) 4.5	(72) 0.2
(73) 4.8	(74) 3.5	(75) 6.3	(76) 1.8
(77) 0.5	(78) 0.4	(79) 2.7	(80) 1.8
(81) 2.7	(82) 2.8	(83) 3.6	(84) 1.0
(85) 1.6	(86) 2.1	(87) 1.4	(88) 5.4
(89) 4.9	(90) 1.8	(91) 0.2	(92) 1.6
(93) 5.4	(94) 3.6	(95) 1.4	(96) 0.8
(97) 3.0	(98) 3.2	(99) 1.2	(100) 4.2

(41)~(100) (middle column top)

(41) 2.0	(42) 0.9	(43) 0.5	(44) 1.6
(45) 4.9	(46) 2.4	(47) 2.4	(48) 3.5
(49) 1.2	(50) 8.1	(51) 7.2	(52) 5.6
(53) 0.4	(54) 4.8	(55) 2.5	(56) 1.8
(57) 0.6	(58) 0.9	(59) 6.4	(60) 6.3
(61) 2.4	(62) 4.0	(63) 5.4	(64) 2.1
(65) 5.6	(66) 0.3	(67) 0.8	(68) 3.5
(69) 5.4	(70) 1.5	(71) 0.8	(72) 6.3
(73) 1.2	(74) 2.4	(75) 1.6	(76) 2.8
(77) 0.6	(78) 2.7	(79) 0.6	(80) 3.0
(81) 2.7	(82) 2.4	(83) 1.6	(84) 4.0
(85) 4.2	(86) 0.3	(87) 3.5	(88) 3.6
(89) 1.8	(90) 1.8	(91) 0.4	(92) 7.2
(93) 4.5	(94) 2.4	(95) 3.2	(96) 1.2
(97) 5.6	(98) 1.5	(99) 6.4	(100) 0.2

7쪽

(1) 0.1	(2) 1.8	(3) 1.6	(4) 1.8
(5) 4.2	(6) 3.2	(7) 1.2	(8) 0.3
(9) 3.6	(10) 1.5	(11) 0.2	(12) 2.7
(13) 0.5	(14) 1.0	(15) 1.4	(16) 2.4
(17) 4.8	(18) 0.8	(19) 2.7	(20) 3.0
(21) 7.2	(22) 0.7	(23) 1.6	(24) 3.6
(25) 3.5	(26) 1.8	(27) 0.9	(28) 4.0
(29) 2.1	(30) 0.4	(31) 0.4	(32) 4.5
(33) 1.2	(34) 1.2	(35) 2.0	(36) 0.2
(37) 4.8	(38) 0.6	(39) 1.4	(40) 3.6
(41) 5.6	(42) 6.4	(43) 0.9	(44) 0.6
(45) 2.0	(46) 4.2	(47) 0.8	(48) 6.3
(49) 2.4	(50) 0.7	(51) 4.8	(52) 1.8
(53) 4.9	(54) 1.0	(55) 7.2	(56) 6.3
(57) 2.1	(58) 0.5	(59) 3.2	(60) 7.2
(61) 2.4	(62) 0.8	(63) 4.2	(64) 2.4
(65) 5.4	(66) 1.2	(67) 2.5	(68) 2.4
(69) 1.8	(70) 2.1	(71) 8.1	(72) 0.4
(73) 1.2	(74) 0.8	(75) 3.5	(76) 3.0
(77) 4.0	(78) 2.7	(79) 5.6	(80) 0.3
(81) 0.9	(82) 2.4	(83) 1.5	(84) 3.6
(85) 0.6	(86) 3.6	(87) 3.5	(88) 4.8
(89) 1.4	(90) 2.8	(91) 0.6	(92) 1.6
(93) 4.5	(94) 0.6	(95) 4.2	(96) 2.7
(97) 5.4	(98) 4.9	(99) 2.8	(100) 1.6

8쪽

1.

(1) 11.0	(2) 44.1	(3) 32.4	(4) 46.8
(5) 25.9	(6) 13.5	(7) 61.6	(8) 11.7
(9) 39.6	(10) 29.4	(11) 51.3	(12) 15.3
(13) 30.4	(14) 37.8	(15) 17.5	(16) 11.4
(17) 10.4	(18) 53.9	(19) 20.4	(20) 32.0
(21) 15.2	(22) 31.2	(23) 28.2	(24) 51.1
(25) 50.4	(26) 58.8		

2.

(1) 12.0	(2) 32.2	(3) 30.8	(4) 47.7
(5) 26.4	(6) 19.8	(7) 53.1	(8) 19.6
(9) 23.4	(10) 53.6	(11) 21.0	(12) 71.2
(13) 41.4	(14) 70.2	(15) 11.4	(16) 61.6
(17) 31.5	(18) 22.5	(19) 14.8	(20) 28.8
(21) 13.2	(22) 47.2	(23) 16.2	(24) 60.9
(25) 16.1	(26) 17.0	(27) 52.2	(28) 14.1
(29) 41.4	(30) 23.2		

9쪽

1.

(1) 33.6	(2) 58.5	(3) 30.4	(4) 47.5
(5) 33.3	(6) 37.0	(7) 57.4	(8) 21.6
(9) 43.4	(10) 37.2	(11) 58.8	(12) 45.6
(13) 18.5	(14) 33.6	(15) 65.7	(16) 37.8
(17) 74.4	(18) 27.2	(19) 52.2	(20) 13.0
(21) 19.6	(22) 56.4	(23) 49.0	(24) 21.2
(25) 67.5	(26) 10.8	(27) 49.2	(28) 34.0
(29) 23.4	(30) 18.4		

2.

(1) 22.5	(2) 20.7	(3) 37.6	(4) 17.0
(5) 34.2	(6) 31.6	(7) 19.6	(8) 36.8
(9) 21.6	(10) 28.8	(11) 15.8	(12) 77.4
(13) 15.4	(14) 13.4	(15) 23.1	(16) 55.8
(17) 15.6	(18) 28.5	(19) 48.3	(20) 23.2
(21) 25.8	(22) 13.8	(23) 17.5	(24) 19.4
(25) 26.8	(26) 13.8	(27) 22.5	(28) 27.0
(29) 57.6	(30) 33.6		

10쪽

1.

(1) 44.1	(2) 18.4	(3) 24.0	(4) 11.8
(5) 26.4	(6) 33.6	(7) 38.0	(8) 16.5
(9) 13.8	(10) 42.0	(11) 21.0	(12) 26.1
(13) 18.9	(14) 19.2	(15) 28.2	(16) 68.4
(17) 40.5	(18) 15.0	(19) 19.2	(20) 36.0
(21) 23.4	(22) 47.0	(23) 80.1	(24) 24.5
(25) 33.3	(26) 13.2	(27) 27.6	(28) 17.6
(29) 39.2	(30) 22.2		

2.

(1) 19.0	(2) 47.2	(3) 19.6	(4) 26.8
(5) 65.8	(6) 73.8	(7) 44.0	(8) 12.0
(9) 39.0	(10) 25.2	(11) 15.0	(12) 34.8
(13) 23.7	(14) 73.6	(15) 43.5	(16) 25.2
(17) 19.5	(18) 14.0	(19) 12.5	(20) 67.9
(21) 27.2	(22) 79.2	(23) 23.1	(24) 17.4
(25) 57.0	(26) 55.2	(27) 12.9	(28) 31.8
(29) 76.5	(30) 59.4		

11쪽

1.

(1) 10.8	(2) 11.4	(3) 19.0	(4) 51.3
(5) 23.4	(6) 73.8	(7) 43.2	(8) 10.8
(9) 10.5	(10) 26.0	(11) 33.3	(12) 71.1
(13) 53.6	(14) 15.3	(15) 45.5	(16) 16.8
(17) 60.2	(18) 46.0	(19) 26.0	(20) 50.4

(21) 40.6 (22) 49.6 (23) 80.1 (24) 60.8
(25) 14.1 (26) 10.5 (27) 10.4 (28) 55.3
(29) 47.2 (30) 52.2

2. (1) 30.1 (2) 22.4 (3) 32.2 (4) 23.4
(5) 53.9 (6) 55.3 (7) 11.2 (8) 35.1
(9) 52.2 (10) 36.8 (11) 37.0 (12) 11.2
(13) 31.5 (14) 30.4 (15) 52.8 (16) 27.2
(17) 20.7 (18) 11.7 (19) 40.8 (20) 50.4
(21) 15.3 (22) 41.3 (23) 43.2 (24) 40.5
(25) 23.2 (26) 35.4 (27) 37.2 (28) 51.2
(29) 26.6 (30) 26.7

12쪽
1. (1) 261.2 (2) 171.6 (3) 163.5 (4) 476.5
(5) 435.6 (6) 590.8 (7) 111.4 (8) 166.8
(9) 269.6 (10) 296.1 (11) 424.8 (12) 310.5
(13) 166.8 (14) 198.4 (15) 268.8 (16) 165.8
(17) 856.8 (18) 251.1 (19) 245.6 (20) 458.4
(21) 422.1 (22) 413.6 (23) 876.6 (24) 334.5

2. (1) 370.8 (2) 220.2 (3) 656.4 (4) 196.0
(5) 261.6 (6) 551.4 (7) 212.4 (8) 362.4
(9) 695.2 (10) 396.0 (11) 491.2 (12) 341.4
(13) 323.2 (14) 197.2 (15) 344.4 (16) 767.7
(17) 179.0 (18) 234.8 (19) 578.4 (20) 688.5
(21) 257.4 (22) 677.6 (23) 278.8 (24) 722.4

13쪽
1. (1) 391.2 (2) 302.8 (3) 139.0 (4) 110.6
(5) 580.3 (6) 196.2 (7) 172.2 (8) 197.0
(9) 237.6 (10) 169.5 (11) 538.3 (12) 261.6
(13) 309.6 (14) 294.0 (15) 433.3 (16) 766.4
(17) 445.2 (18) 274.5 (19) 595.2 (20) 177.8
(21) 714.4 (22) 565.8 (23) 715.5 (24) 655.2

2. (1) 782.1 (2) 169.8 (3) 396.8 (4) 230.4
(5) 619.2 (6) 668.5 (7) 182.0 (8) 293.4
(9) 257.2 (10) 499.2 (11) 604.8 (12) 249.3
(13) 415.2 (14) 616.5 (15) 274.2 (16) 780.0
(17) 192.5 (18) 281.4 (19) 543.2 (20) 493.2
(21) 258.3 (22) 343.2 (23) 502.6 (24) 351.6

14쪽
1. (1) 146.8 (2) 105.6 (3) 137.5 (4) 329.4
(5) 622.3 (6) 388.0 (7) 291.2 (8) 412.2
(9) 395.1 (10) 519.0 (11) 100.8 (12) 236.4
(13) 499.1 (14) 111.2 (15) 310.4 (16) 146.1
(17) 523.2 (18) 140.4 (19) 340.2 (20) 294.5
(21) 472.2 (22) 114.3 (23) 503.4 (24) 552.3

2. (1) 547.2 (2) 520.2 (3) 462.4 (4) 113.4
(5) 330.4 (6) 102.4 (7) 589.8 (8) 510.3
(9) 365.6 (10) 682.2 (11) 111.6 (12) 403.2
(13) 229.6 (14) 343.0 (15) 268.8 (16) 610.4
(17) 668.7 (18) 406.8 (19) 196.0 (20) 686.7
(21) 265.3 (22) 260.1 (23) 135.2 (24) 532.8

15쪽
1. (1) 264.6 (2) 355.2 (3) 190.2 (4) 613.2
(5) 326.9 (6) 223.2 (7) 412.2 (8) 289.0
(9) 611.1 (10) 453.6 (11) 233.4 (12) 220.2
(13) 311.2 (14) 334.8 (15) 150.3 (16) 620.8
(17) 140.0 (18) 612.5 (19) 110.7 (20) 394.5
(21) 319.2 (22) 350.1 (23) 172.2 (24) 137.8

2. (1) 410.4 (2) 475.3 (3) 431.4 (4) 293.6
(5) 501.6 (6) 440.1 (7) 401.8 (8) 394.5
(9) 615.2 (10) 601.3 (11) 195.6 (12) 381.0
(13) 202.3 (14) 131.4 (15) 244.8 (16) 351.2
(17) 754.4 (18) 238.2 (19) 340.8 (20) 138.0
(21) 234.4 (22) 350.0 (23) 331.1 (24) 104.1

16쪽
1. (1) 428.8 (2) 213.3 (3) 515.4 (4) 122.4
(5) 293.5 (6) 391.2 (7) 279.2 (8) 292.8
(9) 549.5 (10) 115.8 (11) 432.6 (12) 521.1
(13) 341.1 (14) 397.8 (15) 652.5 (16) 571.9
(17) 332.5 (18) 191.2 (19) 373.0 (20) 410.4
(21) 411.0 (22) 382.2 (23) 402.3 (24) 699.2

2. (1) 266.1 (2) 373.8 (3) 140.8 (4) 334.0
(5) 193.6 (6) 343.2 (7) 398.3 (8) 189.6
(9) 322.2 (10) 351.6 (11) 292.6 (12) 382.0
(13) 231.3 (14) 441.6 (15) 509.4 (16) 191.4
(17) 233.4 (18) 489.5 (19) 505.8 (20) 322.8
(21) 482.3 (22) 502.8 (23) 380.0 (24) 153.6

17쪽
1. (1) 300.8 (2) 215.8 (3) 220.8 (4) 88.8
(5) 172.5 (6) 262.2 (7) 412.8 (8) 752.4
(9) 349.8 (10) 571.2 (11) 240.0 (12) 394.8
(13) 432.4 (14) 214.6 (15) 122.5 (16) 612.0

2. (1) 340.2 (2) 614.2 (3) 552.9 (4) 531.2
(5) 411.6 (6) 505.6 (7) 710.4 (8) 235.2
(9) 816.0 (10) 799.0 (11) 321.6 (12) 261.3
(13) 288.6 (14) 328.5

18쪽
1. (1) 460.6 (2) 124.2 (3) 255.2 (4) 720.0
(5) 136.8 (6) 386.4 (7) 357.2 (8) 789.6
(9) 722.4 (10) 604.5 (11) 529.2 (12) 514.8
(13) 508.8 (14) 713.8 (15) 151.2 (16) 489.8

2. (1) 364.8 (2) 181.7 (3) 172.8 (4) 658.6
(5) 426.3 (6) 613.2 (7) 504.4 (8) 633.6
(9) 361.8 (10) 661.2 (11) 772.8 (12) 497.7
(13) 546.0 (14) 264.6 (15) 329.8 (16) 317.4

19쪽
1. (1) 319.6 (2) 329.3 (3) 168.2 (4) 306.0
(5) 338.4 (6) 727.5 (7) 255.0 (8) 378.3
(9) 413.4 (10) 524.7 (11) 725.2 (12) 410.8
(13) 410.4 (14) 186.3 (15) 493.0 (16) 366.6

2. (1) 620.8 (2) 330.6 (3) 232.5 (4) 258.5
(5) 480.2 (6) 391.0 (7) 313.5 (8) 378.4
(9) 244.2 (10) 201.6 (11) 237.6 (12) 601.6
(13) 741.0 (14) 220.8 (15) 156.0 (16) 140.6

20쪽
1. (1) 416.5 (2) 556.1 (3) 431.2 (4) 235.2
(5) 622.5 (6) 307.8 (7) 289.8 (8) 213.3
(9) 450.8 (10) 670.8 (11) 502.5 (12) 404.2
(13) 336.0 (14) 368.6 (15) 162.4 (16) 559.0

2. (1) 343.0 (2) 322.5 (3) 529.2 (4) 480.2
(5) 612.0 (6) 271.6 (7) 355.2 (8) 218.3
(9) 436.5 (10) 250.8 (11) 545.1 (12) 545.2
(13) 541.8 (14) 418.0 (15) 162.4 (16) 169.0

21쪽
1. (1) 774.3 (2) 513.5 (3) 125.8 (4) 172.8
(5) 261.3 (6) 528.0 (7) 204.4 (8) 148.5
(9) 254.8 (10) 168.0 (11) 422.1 (12) 781.2
(13) 315.0 (14) 174.6 (15) 596.3 (16) 347.2

2. (1) 214.2 (2) 478.8 (3) 676.2 (4) 466.1
(5) 174.2 (6) 163.2 (7) 240.0 (8) 239.4
(9) 363.4 (10) 186.2 (11) 445.2 (12) 418.3
(13) 748.8 (14) 344.1 (15) 139.2 (16) 302.4

22쪽
1. (1) 374.4 (2) 133.5 (3) 375.2 (4) 193.2
(5) 600.6 (6) 243.6 (7) 726.8 (8) 168.2
(9) 372.4 (10) 647.4 (11) 152.1 (12) 132.6
(13) 516.2 (14) 446.4 (15) 733.2 (16) 110.4

2. (1) 598.4 (2) 503.7 (3) 342.0 (4) 255.3
(5) 213.6 (6) 140.4 (7) 455.7 (8) 302.1
(9) 347.8 (10) 537.2 (11) 163.2 (12) 605.2
(13) 338.2 (14) 193.2 (15) 192.5 (16) 149.6

23쪽
1. (1) 235.2 (2) 239.2 (3) 676.4 (4) 503.7
(5) 733.2 (6) 596.3 (7) 703.1 (8) 148.8
(9) 226.2 (10) 469.2 (11) 210.9 (12) 489.7
(13) 218.4 (14) 742.6 (15) 136.8 (16) 872.2

2. (1) 326.4 (2) 407.4 (3) 200.1 (4) 655.2
(5) 169.1 (6) 808.4 (7) 265.2 (8) 354.2
(9) 244.8 (10) 247.0 (11) 324.3 (12) 529.3
(13) 261.9 (14) 607.6 (15) 134.3 (16) 133.5

24쪽

1.
(1) 537.2 (2) 153.6 (3) 133.0 (4) 364.8
(5) 142.1 (6) 705.0 (7) 607.2 (8) 304.2
(9) 380.8 (10) 252.3 (11) 155.2 (12) 539.4
(13) 231.4 (14) 569.5 (15) 355.2 (16) 191.1

2.
(1) 378.3 (2) 352.8 (3) 592.8 (4) 556.1
(5) 462.3 (6) 128.7 (7) 460.2 (8) 130.5
(9) 132.6 (10) 136.8 (11) 248.4 (12) 765.4
(13) 167.5 (14) 182.4 (15) 562.8 (16) 434.7

25쪽

1.
(1) 646.0 (2) 151.3 (3) 396.9 (4) 361.9
(5) 132.6 (6) 647.4 (7) 835.2 (8) 179.4
(9) 132.3 (10) 148.2 (11) 258.4 (12) 352.8
(13) 517.5 (14) 222.5 (15) 409.4 (16) 148.2

2.
(1) 142.2 (2) 120.0 (3) 326.8 (4) 296.4
(5) 539.4 (6) 616.2 (7) 569.6 (8) 169.1
(9) 571.2 (10) 181.3 (11) 508.8 (12) 232.5
(13) 205.2 (14) 436.1 (15) 184.3 (16) 422.1

26쪽

(1) 2.0 (2) 1.2 (3) 1.6 (4) 1.5
(5) 4.0 (6) 4.8 (7) 0.3 (8) 2.8
(9) 0.6 (10) 2.4 (11) 4.2 (12) 2.7
(13) 3.2 (14) 3.5 (15) 1.8 (16) 0.3
(17) 1.0 (18) 6.4 (19) 2.8 (20) 1.4
(21) 0.6 (22) 2.1 (23) 0.6 (24) 4.2
(25) 5.6 (26) 0.4 (27) 4.8 (28) 3.5
(29) 5.4 (30) 3.2 (31) 0.8 (32) 5.6
(33) 3.6 (34) 0.8 (35) 5.4 (36) 6.3
(37) 4.8 (38) 1.2 (39) 3.0 (40) 4.0
(41) 0.6 (42) 5.6 (43) 1.4 (44) 3.2
(45) 7.2 (46) 4.9 (47) 8.1 (48) 2.0
(49) 5.4 (50) 6.3 (51) 1.2 (52) 0.8
(53) 1.5 (54) 4.2 (55) 1.2 (56) 6.4
(57) 4.2 (58) 1.6 (59) 0.6 (60) 0.2
(61) 2.1 (62) 7.2 (63) 0.3 (64) 1.2
(65) 0.5 (66) 3.6 (67) 1.6 (68) 3.5
(69) 0.8 (70) 2.7 (71) 4.0 (72) 0.1
(73) 4.8 (74) 3.5 (75) 8.1 (76) 0.5
(77) 4.5 (78) 0.6 (79) 2.4 (80) 0.9
(81) 1.8 (82) 6.3 (83) 1.8 (84) 1.0
(85) 0.8 (86) 2.7 (87) 0.2 (88) 4.8
(89) 2.8 (90) 3.0 (91) 2.1 (92) 3.2
(93) 3.6 (94) 2.4 (95) 1.8 (96) 0.8
(97) 5.4 (98) 2.8 (99) 2.4 (100) 4.2

27쪽

(1) 0.63 (2) 0.02 (3) 0.03 (4) 0.36
(5) 0.15 (6) 0.48 (7) 0.10 (8) 0.36
(9) 0.04 (10) 0.54 (11) 0.20 (12) 0.12
(13) 0.12 (14) 0.16 (15) 0.14 (16) 0.01
(17) 0.27 (18) 0.54 (19) 0.04 (20) 0.45
(21) 0.03 (22) 0.14 (23) 0.10 (24) 0.24
(25) 0.08 (26) 0.08 (27) 0.45 (28) 0.81
(29) 0.36 (30) 0.18 (31) 0.02 (32) 0.25
(33) 0.18 (34) 0.32 (35) 0.04 (36) 0.35
(37) 0.42 (38) 0.40 (39) 0.21 (40) 0.09
(41) 0.16 (42) 0.49 (43) 0.09 (44) 0.56
(45) 0.56 (46) 0.72 (47) 0.30 (48) 0.20
(49) 0.24 (50) 0.63 (51) 0.18 (52) 0.64
(53) 0.07 (54) 0.12 (55) 0.40 (56) 0.16
(57) 0.48 (58) 0.05 (59) 0.06 (60) 0.07
(61) 0.15 (62) 0.32 (63) 0.18 (64) 0.21
(65) 0.63 (66) 0.08 (67) 0.06 (68) 0.35
(69) 0.24 (70) 0.06 (71) 0.12 (72) 0.72
(73) 0.27 (74) 0.27 (75) 0.30 (76) 0.28
(77) 0.06 (78) 0.24 (79) 0.08 (80) 0.42
(81) 0.28 (82) 0.18 (83) 0.04 (84) 0.81
(85) 0.30 (86) 0.72 (87) 0.40 (88) 0.21
(89) 0.27 (90) 0.18 (91) 0.20 (92) 0.45
(93) 0.36 (94) 0.40 (95) 0.30 (96) 0.12
(97) 0.63 (98) 0.21 (99) 0.03 (100) 0.02

28쪽

1.
(1) 300.8 (2) 201.6 (3) 534.6 (4) 155.1
(5) 252.3 (6) 340.4 (7) 345.6 (8) 722.7
(9) 262.5 (10) 185.6 (11) 950.6 (12) 808.4
(13) 403.2 (14) 314.5 (15) 247.5 (16) 410.4

2.
(1) 340.2 (2) 240.0 (3) 210.9 (4) 833.0
(5) 172.8 (6) 432.4 (7) 950.4 (8) 462.0
(9) 307.2 (10) 288.6 (11) 428.8 (12) 766.3
(13) 277.5 (14) 195.5 (15) 284.9 (16) 323.4

29쪽

1.
(1) 355.2 (2) 507.0 (3) 613.8 (4) 676.2
(5) 451.2 (6) 533.2 (7) 147.2 (8) 813.4
(9) 655.2 (10) 334.8 (11) 480.2 (12) 559.0
(13) 374.1 (14) 429.2 (15) 921.2 (16) 520.8

2.
(1) 722.4 (2) 744.8 (3) 273.6 (4) 223.1
(5) 426.3 (6) 423.4 (7) 251.1 (8) 323.0
(9) 358.9 (10) 410.4 (11) 772.8 (12) 403.2
(13) 489.8 (14) 226.8 (15) 289.8 (16) 547.5

30쪽

1.
(1) 367.2 (2) 892.4 (3) 132.8 (4) 637.5
(5) 620.4 (6) 318.2 (7) 248.4 (8) 174.8
(9) 640.8 (10) 363.4 (11) 524.4 (12) 251.6
(13) 253.5 (14) 535.8 (15) 215.6 (16) 180.9

2.
(1) 276.5 (2) 531.2 (3) 249.6 (4) 377.3
(5) 306.6 (6) 133.5 (7) 347.8 (8) 338.4
(9) 142.1 (10) 172.5 (11) 713.4 (12) 120.6
(13) 326.8 (14) 478.8 (15) 522.5 (16) 403.2

31쪽

1.
(1) 325.5 (2) 431.2 (3) 326.4 (4) 788.5
(5) 329.3 (6) 534.6 (7) 561.6 (8) 178.6
(9) 162.4 (10) 426.8 (11) 539.5 (12) 433.2
(13) 308.2 (14) 604.5 (15) 600.3 (16) 213.6

2.
(1) 620.5 (2) 229.1 (3) 249.6 (4) 139.2
(5) 261.9 (6) 137.2 (7) 577.6 (8) 345.6
(9) 312.0 (10) 803.6 (11) 312.7 (12) 258.4
(13) 431.2 (14) 529.2 (15) 630.5 (16) 358.8

32쪽

1.
(1) 16.91 (2) 30.02 (3) 56.98 (4) 24.12
(5) 22.32 (6) 65.28 (7) 14.28 (8) 28.35
(9) 12.74 (10) 36.00 (11) 64.99 (12) 25.48
(13) 23.45 (14) 12.48 (15) 56.07 (16) 24.36

2.
(1) 28.47 (2) 24.50 (3) 56.96 (4) 34.92
(5) 12.48 (6) 32.64 (7) 63.00 (8) 32.34
(9) 68.73 (10) 65.66 (11) 59.63 (12) 40.71
(13) 21.84 (14) 15.12 (15) 35.51 (16) 65.28

33쪽

1.
(1) 14.44 (2) 19.75 (3) 46.23 (4) 46.28
(5) 57.72 (6) 26.13 (7) 77.42 (8) 14.62
(9) 41.76 (10) 37.24 (11) 44.62 (12) 20.01
(13) 35.52 (14) 27.44 (15) 63.08 (16) 13.44

2.
(1) 67.62 (2) 12.73 (3) 36.66 (4) 14.06
(5) 13.86 (6) 24.84 (7) 25.11 (8) 61.62
(9) 36.66 (10) 24.92 (11) 32.43 (12) 47.61
(13) 17.55 (14) 25.35

34쪽

1.
(1) 22.68 (2) 31.62 (3) 59.34 (4) 40.05
(5) 73.32 (6) 25.81 (7) 80.04 (8) 89.28
(9) 20.79 (10) 48.97 (11) 54.81 (12) 17.94
(13) 27.44 (14) 66.36 (15) 13.50 (16) 65.86

2.
(1) 16.66 (2) 48.95 (3) 19.72 (4) 76.63
(5) 15.01 (6) 24.12 (7) 55.46 (8) 16.56
(9) 40.32 (10) 57.27 (11) 14.70 (12) 23.80
(13) 53.35 (14) 46.92 (15) 35.04 (16) 14.08

35쪽

1.
(1) 34.22 (2) 15.01 (3) 23.80 (4) 36.48
(5) 19.11 (6) 66.12 (7) 17.28 (8) 28.42
(9) 63.92 (10) 59.28 (11) 36.19 (12) 35.34
(13) 12.25 (14) 24.12 (15) 23.92 (16) 87.22

2. (1) 45.59 (2) 62.37 (3) 15.64 (4) 65.36
(5) 13.65 (6) 25.92 (7) 69.42 (8) 12.74
(9) 43.68 (10) 13.92 (11) 23.80 (12) 85.44
(13) 12.06 (14) 77.19 (15) 21.66 (16) 13.72

36쪽

1. (1) 37.41 (2) 31.36 (3) 13.23 (4) 21.28
(5) 16.77 (6) 58.29 (7) 76.44 (8) 55.18
(9) 15.52 (10) 74.26 (11) 56.44 (12) 26.88
(13) 57.27 (14) 24.65 (15) 12.96 (16) 55.10

2. (1) 18.43 (2) 34.41 (3) 26.32 (4) 37.40
(5) 40.89 (6) 61.62 (7) 60.52 (8) 23.40
(9) 57.62 (10) 12.25 (11) 57.96 (12) 27.84
(13) 15.93 (14) 26.13 (15) 56.26 (16) 19.24

37쪽

(1) 0.7 (2) 0.4 (3) 0.7 (4) 0.3
(5) 0.8 (6) 0.4 (7) 0.2 (8) 0.1
(9) 0.5 (10) 0.5 (11) 0.2 (12) 0.9
(13) 0.3 (14) 0.3 (15) 0.1 (16) 0.6
(17) 0.3 (18) 0.3 (19) 0.9 (20) 0.5
(21) 0.7 (22) 0.7 (23) 0.3 (24) 0.8
(25) 0.2 (26) 0.1 (27) 0.3 (28) 0.8
(29) 0.9 (30) 0.5 (31) 0.4 (32) 0.6
(33) 0.7 (34) 0.5 (35) 0.3 (36) 0.9
(37) 0.1 (38) 0.6 (39) 0.8 (40) 0.6
(41) 0.4 (42) 0.1 (43) 0.5 (44) 0.3
(45) 0.8 (46) 0.7 (47) 0.9 (48) 0.4
(49) 0.7 (50) 0.6 (51) 0.3 (52) 0.3
(53) 0.4 (54) 0.5 (55) 0.2 (56) 0.1
(57) 0.5 (58) 0.7 (59) 0.9 (60) 0.6
(61) 0.5 (62) 0.6 (63) 0.1 (64) 0.4
(65) 0.1 (66) 0.8 (67) 0.4 (68) 0.3
(69) 0.9 (70) 0.1 (71) 0.2 (72) 0.8
(73) 0.4 (74) 0.5 (75) 0.9 (76) 0.9
(77) 0.8 (78) 0.1 (79) 0.2 (80) 0.1
(81) 0.6 (82) 0.7 (83) 0.7 (84) 0.9
(85) 0.9 (86) 0.1 (87) 0.7 (88) 0.6
(89) 0.4 (90) 0.8 (91) 0.7 (92) 0.6
(93) 0.2 (94) 0.7

38쪽

(1) 0.8 (2) 0.6 (3) 0.8 (4) 0.5
(5) 0.6 (6) 0.9 (7) 0.6 (8) 0.3
(9) 0.7 (10) 0.6 (11) 0.8 (12) 0.2
(13) 0.3 (14) 0.1 (15) 0.8 (16) 0.5
(17) 0.7 (18) 0.3 (19) 0.5 (20) 0.1
(21) 0.1 (22) 0.6 (23) 0.5 (24) 0.9
(25) 0.5 (26) 0.7 (27) 0.5 (28) 0.6
(29) 0.8 (30) 0.7 (31) 0.5 (32) 0.3
(33) 0.1 (34) 0.3 (35) 0.3 (36) 0.7
(37) 0.8 (38) 0.9 (39) 0.2 (40) 0.5
(41) 0.4 (42) 0.4 (43) 0.2 (44) 0.1
(45) 0.9 (46) 0.9 (47) 0.8 (48) 0.9
(49) 0.3 (50) 0.6 (51) 0.2 (52) 0.6
(53) 0.6 (54) 0.7 (55) 0.5 (56) 0.7
(57) 0.6 (58) 0.7 (59) 0.2 (60) 0.2
(61) 0.4 (62) 0.5 (63) 0.4 (64) 0.8
(65) 0.3 (66) 0.9 (67) 0.8 (68) 0.6
(69) 0.7 (70) 0.1 (71) 0.4 (72) 0.1
(73) 0.9 (74) 0.1 (75) 0.8 (76) 0.7
(77) 0.3 (78) 0.1 (79) 0.8 (80) 0.6
(81) 0.7 (82) 0.8 (83) 0.8 (84) 0.4
(85) 0.2 (86) 0.3 (87) 0.7 (88) 0.3
(89) 0.8 (90) 0.4 (91) 0.6 (92) 0.9
(93) 0.2 (94) 0.3 (95) 0.7 (96) 0.9
(97) 0.9 (98) 0.4

39쪽

(1) 0.4 (2) 0.4 (3) 0.2 (4) 0.3
(5) 0.8 (6) 0.3 (7) 0.9 (8) 0.1
(9) 0.5 (10) 0.5 (11) 0.3 (12) 0.7
(13) 0.7 (14) 0.6 (15) 0.9 (16) 0.4
(17) 0.6 (18) 0.9 (19) 0.8 (20) 0.8
(21) 0.3 (22) 0.9 (23) 0.2 (24) 0.2
(25) 0.5 (26) 0.9 (27) 0.1 (28) 0.8
(29) 0.8 (30) 0.3 (31) 0.7 (32) 0.7
(33) 0.7 (34) 0.5 (35) 0.9 (36) 0.8
(37) 0.4 (38) 0.7 (39) 0.6 (40) 0.7
(41) 0.2 (42) 0.8 (43) 0.4 (44) 0.4
(45) 0.7 (46) 0.9 (47) 0.6 (48) 0.4
(49) 0.5 (50) 0.3 (51) 0.8 (52) 0.9
(53) 0.6 (54) 0.9 (55) 0.1 (56) 0.3
(57) 0.5 (58) 0.8 (59) 0.6 (60) 0.4
(61) 0.7 (62) 0.8 (63) 0.1 (64) 0.4
(65) 0.3 (66) 0.3 (67) 0.6 (68) 0.7
(69) 0.6 (70) 0.3 (71) 0.4 (72) 0.8
(73) 0.1 (74) 0.7 (75) 0.6 (76) 0.4
(77) 0.7 (78) 0.8 (79) 0.5 (80) 0.6
(81) 0.9 (82) 0.2 (83) 0.3 (84) 0.2
(85) 0.9 (86) 0.2 (87) 0.4 (88) 0.9
(89) 0.8 (90) 0.4 (91) 0.4 (92) 0.6
(93) 0.9 (94) 0.5 (95) 0.3 (96) 0.6
(97) 0.1 (98) 0.6 (99) 0.6 (100) 0.5

40쪽

(1) 0.2 (2) 0.3 (3) 0.4 (4) 0.3
(5) 0.8 (6) 0.5 (7) 0.6 (8) 0.5
(9) 0.6 (10) 0.6 (11) 0.8 (12) 0.9
(13) 0.4 (14) 0.4 (15) 0.4 (16) 0.9
(17) 0.1 (18) 0.6 (19) 0.5 (20) 0.9
(21) 0.8 (22) 0.8 (23) 0.2 (24) 0.6
(25) 0.7 (26) 0.9 (27) 0.3 (28) 0.9
(29) 0.8 (30) 0.6 (31) 0.9 (32) 0.7
(33) 0.7 (34) 0.6 (35) 0.3 (36) 0.2
(37) 0.9 (38) 0.3 (39) 0.8 (40) 0.5
(41) 0.7 (42) 0.6 (43) 0.4 (44) 0.7
(45) 0.1 (46) 0.4 (47) 0.5 (48) 0.3
(49) 0.8 (50) 0.2 (51) 0.8 (52) 0.5
(53) 0.5 (54) 0.6 (55) 0.9 (56) 0.5
(57) 0.3 (58) 0.7 (59) 0.2 (60) 0.4
(61) 0.3 (62) 0.5 (63) 0.7 (64) 0.8
(65) 0.7 (66) 0.8 (67) 0.6 (68) 0.6
(69) 0.9 (70) 0.7 (71) 0.8 (72) 0.3
(73) 0.5 (74) 0.2 (75) 0.9 (76) 0.4
(77) 0.9 (78) 0.8 (79) 0.2 (80) 0.5
(81) 0.8 (82) 0.1 (83) 0.9 (84) 0.8
(85) 0.5 (86) 0.7 (87) 0.8 (88) 0.7
(89) 0.3 (90) 0.6 (91) 0.5 (92) 0.6
(93) 0.3 (94) 0.3 (95) 0.7 (96) 0.4
(97) 0.9 (98) 0.2

41쪽

(1) 0.7 (2) 0.3 (3) 0.7 (4) 0.4
(5) 0.1 (6) 0.8 (7) 0.8 (8) 0.3
(9) 0.6 (10) 0.7 (11) 0.4 (12) 0.7
(13) 0.4 (14) 0.3 (15) 0.7 (16) 0.8
(17) 0.3 (18) 0.9 (19) 0.6 (20) 0.6
(21) 0.9 (22) 0.6 (23) 0.5 (24) 0.4
(25) 0.5 (26) 0.8 (27) 0.9 (28) 0.8
(29) 0.3 (30) 0.2 (31) 0.7 (32) 0.2
(33) 0.6 (34) 0.7 (35) 0.4 (36) 0.1
(37) 0.9 (38) 0.3 (39) 0.6 (40) 0.7
(41) 0.3 (42) 0.4 (43) 0.6 (44) 0.2
(45) 0.8 (46) 0.7 (47) 0.8 (48) 0.4
(49) 0.3 (50) 0.2 (51) 0.7 (52) 0.2
(53) 0.3 (54) 0.1 (55) 0.9 (56) 0.9
(57) 0.8 (58) 0.5 (59) 0.6 (60) 0.6
(61) 0.4 (62) 0.2 (63) 0.2 (64) 0.4
(65) 0.1 (66) 0.5 (67) 0.5 (68) 0.3
(69) 0.5 (70) 0.5 (71) 0.7 (72) 0.6
(73) 0.8 (74) 0.9 (75) 0.7 (76) 0.6
(77) 0.2 (78) 0.9 (79) 0.4 (80) 0.8
(81) 0.6 (82) 0.9 (83) 0.7 (84) 0.6
(85) 0.9 (86) 0.4 (87) 0.9 (88) 0.7
(89) 0.7 (90) 0.8 (91) 0.1 (92) 0.6
(93) 0.9 (94) 0.3 (95) 0.3 (96) 0.7
(97) 0.6 (98) 0.5 (99) 0.3 (100) 0.8

42쪽

(1) 0.6…0.6 (2) 0.4…0.2 (3) 0.9…0.2
(4) 0.4…0.4 (5) 0.3…0.3 (6) 0.5…0.4
(7) 0.2…0.3 (8) 0.3…0.3 (9) 0.2…0.2
(10) 0.7…0.5 (11) 0.6…0.3 (12) 0.5…0.2
(13) 0.7…0.3 (14) 0.1…0.5 (15) 0.2…0.3
(16) 0.7…0.5 (17) 0.4…0.5 (18) 0.5…0.6
(19) 0.1…0.1 (20) 0.9…0.2 (21) 0.2…0.3
(22) 0.4…0.4 (23) 0.8…0.1 (24) 0.8…0.1
(25) 0.8…0.1 (26) 0.4…0.1 (27) 0.8…0.2
(28) 0.9…0.1 (29) 0.7…0.4 (30) 0.7…0.2
(31) 0.6…0.1 (32) 0.4…0.3 (33) 0.5…0.2
(34) 0.9…0.5 (35) 0.3…0.7 (36) 0.5…0.1
(37) 0.5…0.2 (38) 0.6…0.1 (39) 0.5…0.5
(40) 0.9…0.2 (41) 0.8…0.2 (42) 0.8…0.2
(43) 0.6…0.2 (44) 0.6…0.6 (45) 0.9…0.2
(46) 0.4…0.3 (47) 0.6…0.4 (48) 0.2…0.3
(49) 0.2…0.4 (50) 0.6…0.1 (51) 0.1…0.6
(52) 0.3…0.1 (53) 0.6…0.2 (54) 0.8…0.2
(55) 0.1…0.4 (56) 0.4…0.1 (57) 0.9…0.1
(58) 0.2…0.2 (59) 0.3…0.1 (60) 0.1…0.2

43쪽

(1) 0.7···0.1 (2) 0.7···0.4 (3) 0.7···0.5
(4) 0.9···0.3 (5) 0.3···0.1 (6) 0.1···0.4
(7) 0.8···0.1 (8) 0.3···0.1 (9) 0.4···0.1
(10) 0.8···0.2 (11) 0.5···0.4 (12) 0.2···0.1
(13) 0.2···0.2 (14) 0.1···0.2 (15) 0.9···0.4
(16) 0.4···0.3 (17) 0.4···0.2 (18) 0.9···0.2
(19) 0.9···0.3 (20) 0.2···0.3 (21) 0.7···0.5
(22) 0.5···0.2 (23) 0.8···0.2 (24) 0.4···0.3
(25) 0.4···0.3 (26) 0.5···0.3 (27) 0.4···0.3
(28) 0.9···0.1 (29) 0.4···0.2 (30) 0.5···0.5
(31) 0.4···0.1 (32) 0.5···0.3 (33) 0.5···0.4
(34) 0.9···0.2 (35) 0.9···0.3 (36) 0.8···0.5
(37) 0.7···0.3 (38) 0.8···0.1 (39) 0.4···0.3
(40) 0.3···0.2 (41) 0.2···0.4 (42) 0.3···0.3
(43) 0.6···0.1 (44) 0.5···0.4 (45) 0.1···0.4
(46) 0.3···0.5 (47) 0.6···0.2 (48) 0.3···0.2
(49) 0.1···0.1 (50) 0.2···0.4 (51) 0.7···0.5
(52) 0.4···0.3 (53) 0.5···0.8 (54) 0.3···0.4
(55) 0.7···0.2 (56) 0.6···0.2 (57) 0.7···0.1
(58) 0.3···0.1 (59) 0.9···0.2 (60) 0.6···0.1

44쪽

(1) 0.8···0.2 (2) 0.8···0.7 (3) 0.3···0.3
(4) 0.9···0.1 (5) 0.6···0.4 (6) 0.5···0.4
(7) 0.4···0.6 (8) 0.8···0.1 (9) 0.2···0.4
(10) 0.9···0.2 (11) 0.5···0.3 (12) 0.6···0.2
(13) 0.1···0.2 (14) 0.3···0.8 (15) 0.6···0.1
(16) 0.3···0.3 (17) 0.8···0.4 (18) 0.7···0.1
(19) 0.2···0.1 (20) 0.4···0.3 (21) 0.9···0.1
(22) 0.2···0.3 (23) 0.6···0.1 (24) 0.4···0.5
(25) 0.6···0.1 (26) 0.4···0.1 (27) 0.9···0.2
(28) 0.5···0.2 (29) 0.6···0.7 (30) 0.2···0.1
(31) 0.7···0.5 (32) 0.7···0.2 (33) 0.9···0.3
(34) 0.2···0.1 (35) 0.5···0.3 (36) 0.6···0.1
(37) 0.5···0.4 (38) 0.7···0.3 (39) 0.8···0.1
(40) 0.5···0.4 (41) 0.1···0.1 (42) 0.8···0.1
(43) 0.3···0.4 (44) 0.9···0.8 (45) 0.4···0.4
(46) 0.9···0.3 (47) 0.6···0.1 (48) 0.5···0.2
(49) 0.6···0.3 (50) 0.5···0.1 (51) 0.4···0.2
(52) 0.6···0.2 (53) 0.5···0.2 (54) 0.8···0.4
(55) 0.3···0.3 (56) 0.3···0.1 (57) 0.5···0.4
(58) 0.3···0.5 (59) 0.9···0.6 (60) 0.9···0.4

45쪽

1. (1) 0.5···0.5 (2) 0.7···0.5 (3) 0.2···0.4
(4) 0.6···0.2 (5) 0.2···0.4 (6) 0.3···0.1
(7) 0.7···0.3 (8) 0.5···0.5 (9) 0.1···0.2
(10) 0.7···0.1 (11) 0.5···0.2 (12) 0.6···0.4
(13) 0.7···0.4 (14) 0.8···0.2 (15) 0.3···0.7
(16) 0.1···0.5 (17) 0.8···0.5 (18) 0.7···0.5
(19) 0.4···0.4 (20) 0.1···0.3 (21) 0.3···0.1
(22) 0.8···0.5

2. (1) 0.6···0.5 (2) 0.7···0.3 (3) 0.3···0.2
(4) 0.3···0.1 (5) 0.8···0.3 (6) 0.3···0.5
(7) 0.4···0.5 (8) 0.6···0.6 (9) 0.3···0.3
(10) 0.5···0.7 (11) 0.8···0.2 (12) 0.3···0.4
(13) 0.6···0.8 (14) 0.9···0.2 (15) 0.4···0.3
(16) 0.9···0.1 (17) 0.2···0.2 (18) 0.3···0.2
(19) 0.8···0.4 (20) 0.5···0.2 (21) 0.3···0.8
(22) 0.7···0.1 (23) 0.2···0.5 (24) 0.6···0.2

46쪽

1. (1) 0.1···0.4 (2) 0.6···0.7 (3) 0.2···0.1
(4) 0.3···0.2 (5) 0.6···0.8 (6) 0.4···0.3
(7) 0.2···0.6 (8) 0.3···0.3 (9) 0.7···0.2
(10) 0.5···0.5 (11) 0.4···0.4 (12) 0.6···0.4
(13) 0.8···0.3 (14) 0.8···0.5 (15) 0.6···0.2
(16) 0.6···0.5 (17) 0.1···0.4 (18) 0.2···0.4
(19) 0.2···0.7 (20) 0.7···0.4 (21) 0.8···0.4
(22) 0.3···0.5 (23) 0.8···0.5 (24) 0.7···0.7

2. (1) 0.4···0.2 (2) 0.3···0.2 (3) 0.3···0.3
(4) 0.2···0.1 (5) 0.6···0.7 (6) 0.4···0.2
(7) 0.4···0.4 (8) 0.7···0.1 (9) 0.3···0.5
(10) 0.6···0.2 (11) 0.5···0.6 (12) 0.3···0.2
(13) 0.3···0.7 (14) 0.9···0.2 (15) 0.6···0.2
(16) 0.5···0.2 (17) 0.2···0.2 (18) 0.5···0.4
(19) 0.8···0.6 (20) 0.6···0.3 (21) 0.7···0.1
(22) 0.5···0.1 (23) 0.3···0.2 (24) 0.4···0.1

47쪽

1. (1) 0.7···0.1 (2) 0.8···0.5 (3) 0.3···0.7
(4) 0.6···0.4 (5) 0.7···0.4 (6) 0.5···0.2
(7) 0.6···0.2 (8) 0.2···0.5 (9) 0.1···0.7
(10) 0.1···0.5 (11) 0.4···0.2 (12) 0.8···0.4
(13) 0.2···0.2 (14) 0.3···0.1 (15) 0.3···0.2
(16) 0.7···0.1 (17) 0.8···0.6 (18) 0.7···0.6
(19) 0.8···0.6 (20) 0.6···0.6 (21) 0.5···0.5
(22) 0.6···0.2 (23) 0.4···0.3 (24) 0.2···0.6

2. (1) 0.2···0.3 (2) 0.5···0.4 (3) 0.5···0.5
(4) 0.6···0.1 (5) 0.8···0.4 (6) 0.3···0.3
(7) 0.7···0.2 (8) 0.4···0.1 (9) 0.3···0.1
(10) 0.3···0.4 (11) 0.7···0.1 (12) 0.6···0.2
(13) 0.7···0.2 (14) 0.3···0.3 (15) 0.1···0.2
(16) 0.8···0.2 (17) 0.7···0.2 (18) 0.9···0.2
(19) 0.3···0.6 (20) 0.2···0.6 (21) 0.7···0.4
(22) 0.7···0.3 (23) 0.1···0.6 (24) 0.3···0.1

48쪽

1. (1) 0.5···0.6 (2) 0.6···0.4 (3) 0.4···0.6
(4) 0.3···0.3 (5) 0.5···0.5 (6) 0.1···0.3
(7) 0.7···0.6 (8) 0.5···0.2 (9) 0.2···0.5
(10) 0.8···0.8 (11) 0.1···0.5 (12) 0.5···0.5
(13) 0.6···0.3 (14) 0.7···0.3 (15) 0.2···0.3
(16) 0.3···0.6 (17) 0.2···0.4 (18) 0.7···0.3
(19) 0.8···0.5 (20) 0.1···0.7 (21) 0.7···0.7
(22) 0.3···0.2 (23) 0.3···0.1 (24) 0.1···0.2

2. (1) 0.1···0.4 (2) 0.7···0.1 (3) 0.7···0.2
(4) 0.2···0.3 (5) 0.5···0.1 (6) 0.8···0.1
(7) 0.1···0.6 (8) 0.7···0.1 (9) 0.2···0.7
(10) 0.5···0.8 (11) 0.5···0.2 (12) 0.5···0.3
(13) 0.3···0.6 (14) 0.6···0.7 (15) 0.4···0.6
(16) 0.4···0.3 (17) 0.8···0.2 (18) 0.9···0.1
(19) 0.1···0.4 (20) 0.4···0.3 (21) 0.6···0.4
(22) 0.6···0.2 (23) 0.7···0.5 (24) 0.7···0.5

49쪽

1. (1) 0.6···0.2 (2) 0.5···0.8 (3) 0.2···0.4

(4) 0.5···0.1 (5) 0.2···0.4 (6) 0.7···0.3
(7) 0.7···0.4 (8) 0.1···0.3 (9) 0.4···0.7
(10) 0.6···0.6 (11) 0.1···0.5 (12) 0.7···0.4
(13) 0.7···0.6 (14) 0.2···0.2 (15) 0.4···0.3
(16) 0.1···0.3 (17) 0.5···0.5 (18) 0.4···0.2
(19) 0.6···0.7 (20) 0.5···0.2 (21) 0.6···0.2
(22) 0.2···0.6 (23) 0.6···0.8 (24) 0.1···0.5

2. (1) 0.3···0.1 (2) 0.2···0.6 (3) 0.7···0.6
(4) 0.7···0.2 (5) 0.7···0.8 (6) 0.6···0.6
(7) 0.4···0.1 (8) 0.5···0.5 (9) 0.7···0.2
(10) 0.5···0.5 (11) 0.8···0.1 (12) 0.2···0.7
(13) 0.8···0.6 (14) 0.9···0.3 (15) 0.2···0.2
(16) 0.6···0.3 (17) 0.6···0.3 (18) 0.4···0.2
(19) 0.9···0.4 (20) 0.5···0.1 (21) 0.3···0.8
(22) 0.4···0.1 (23) 0.2···0.2 (24) 0.1···0.7

50쪽

1. (1) 0.5···0.8 (2) 0.4···0.2 (3) 0.3···0.7
(4) 0.7···0.7 (5) 0.7···0.6 (6) 0.8···0.1
(7) 0.2···0.3 (8) 0.6···0.3 (9) 0.3···0.3
(10) 0.7···0.2 (11) 0.4···0.6 (12) 0.6···0.5
(13) 0.8···0.2 (14) 0.2···0.5 (15) 0.6···0.3
(16) 0.1···0.6 (17) 0.7···0.4 (18) 0.8···0.4
(19) 0.2···0.4 (20) 0.2···0.4 (21) 0.7···0.2
(22) 0.8···0.7 (23) 0.7···0.5 (24) 0.3···0.1

2. (1) 0.3···0.5 (2) 0.7···0.5 (3) 0.6···0.5
(4) 0.8···0.4 (5) 0.8···0.8 (6) 0.7···0.7
(7) 0.7···0.3 (8) 0.4···0.8 (9) 0.1···0.8
(10) 0.4···0.2 (11) 0.8···0.2 (12) 0.4···0.1
(13) 0.5···0.2 (14) 0.4···0.4 (15) 0.6···0.7
(16) 0.9···0.1 (17) 0.6···0.6 (18) 0.8···0.4
(19) 0.7···0.6 (20) 0.9···0.1 (21) 0.2···0.8
(22) 0.8···0.5 (23) 0.4···0.3 (24) 0.6···0.1

51쪽

1. (1) 3.6 (2) 6.4 (3) 3.9 (4) 8.9
(5) 3.7 (6) 9.7 (7) 4.9 (8) 4.5
(9) 2.9 (10) 6.8 (11) 4.6 (12) 4.4
(13) 5.7 (14) 8.6 (15) 9.3 (16) 7.9

2. (1) 8.6　(2) 6.4　(3) 5.9　(4) 7.5
(5) 7.4　(6) 9.5　(7) 4.2　(8) 8.5
(9) 8.7　(10) 6.8　(11) 8.2　(12) 7.6

52쪽
1. (1) 9.6　(2) 8.5　(3) 4.9　(4) 3.6
(5) 7.6　(6) 9.5　(7) 9.3　(8) 3.5
(9) 5.3　(10) 7.4　(11) 8.5　(12) 7.8
(13) 4.9　(14) 2.4　(15) 6.7　(16) 9.6

2. (1) 3.4　(2) 7.9　(3) 3.9　(4) 4.2
(5) 6.7　(6) 2.3　(7) 9.7　(8) 3.8
(9) 7.7　(10) 4.8　(11) 7.7　(12) 8.6
(13) 4.7　(14) 9.2　(15) 6.7　(16) 7.9

53쪽
1. (1) 5.6　(2) 7.6　(3) 2.6　(4) 3.4
(5) 9.8　(6) 4.8　(7) 7.7　(8) 9.4
(9) 8.6　(10) 3.3　(11) 3.4　(12) 7.6
(13) 9.2　(14) 8.3　(15) 4.2　(16) 3.7

2. (1) 9.5　(2) 5.8　(3) 3.6　(4) 6.7
(5) 8.6　(6) 7.9　(7) 6.5　(8) 5.7
(9) 5.5　(10) 8.5　(11) 9.3　(12) 5.7
(13) 4.2　(14) 5.3　(15) 9.3　(16) 9.4

54쪽
1. (1) 1.4　(2) 8.1　(3) 8.8　(4) 7.8
(5) 6.9　(6) 5.6　(7) 7.8　(8) 3.4
(9) 4.6　(10) 4.9　(11) 6.7　(12) 6.6
(13) 8.6　(14) 2.6　(15) 8.9　(16) 5.9

2. (1) 1.7　(2) 3.6　(3) 4.5　(4) 6.7
(5) 6.8　(6) 1.8　(7) 7.6　(8) 7.7
(9) 1.3　(10) 8.8　(11) 6.9　(12) 1.9
(13) 3.5　(14) 1.8　(15) 9.4　(16) 3.4

55쪽
1. (1) 6.4　(2) 4.7　(3) 3.8　(4) 8.7
(5) 7.7　(6) 6.9　(7) 2.4　(8) 5.6
(9) 2.7　(10) 2.9　(11) 3.7　(12) 7.3
(13) 3.7　(14) 3.9　(15) 5.8　(16) 2.3

2. (1) 4.8　(2) 4.9　(3) 2.6　(4) 4.8
(5) 3.9　(6) 6.6　(7) 1.9　(8) 8.8
(9) 4.7　(10) 5.2　(11) 1.8　(12) 8.8
(13) 1.9　(14) 2.7　(15) 3.8　(16) 2.2

56쪽
1. (1) 2.9　(2) 6.7　(3) 4.4　(4) 2.6
(5) 7.6　(6) 3.5　(7) 7.9　(8) 4.2
(9) 1.7　(10) 2.8　(11) 7.6　(12) 4.8
(13) 2.6　(14) 8.4　(15) 3.6　(16) 6.6

2. (1) 4.6　(2) 3.6　(3) 2.8　(4) 6.9
(5) 7.6　(6) 8.7　(7) 7.8　(8) 7.8
(9) 1.9　(10) 1.5　(11) 7.6　(12) 6.7
(13) 8.7　(14) 3.9　(15) 6.9　(16) 1.5

57쪽
1. (1) 6.2···0.5　(2) 6.5···0.2　(3) 3.9···0.4
(4) 5.7···0.2　(5) 3.1···0.5　(6) 7.7···0.1
(7) 4.4···0.2　(8) 9.6···0.3　(9) 7.4···0.8
(10) 4.8···0.1　(11) 8.4···0.4　(12) 5.9···0.2
(13) 4.2···0.7　(14) 9.4···0.1　(15) 9.9···0.2
(16) 7.4···0.3

2. (1) 4.2···0.2　(2) 6.7···0.1　(3) 8.2···0.7
(4) 4.4···0.3　(5) 3.5···0.2　(6) 6.9···0.4
(7) 5.8···0.4　(8) 5.9···0.3　(9) 2.9···0.2
(10) 5.8···0.6　(11) 7.8···0.2　(12) 8.6···0.3

58쪽
1. (1) 5.7···0.1　(2) 8.7···0.1　(3) 2.8···0.2
(4) 5.7···0.4　(5) 8.4···0.6　(6) 6.4···0.1
(7) 7.6···0.8　(8) 7.1···0.5　(9) 7.6···0.5
(10) 8.8···0.1　(11) 4.1···0.6　(12) 5.7···0.2
(13) 3.4···0.6　(14) 2.8···0.1　(15) 7.3···0.8
(16) 4.7···0.1

2. (1) 6.2···0.4　(2) 9.4···0.2　(3) 4.5···0.5
(4) 5.2···0.1　(5) 5.8···0.2　(6) 3.9···0.3
(7) 6.2···0.4　(8) 7.9···0.1　(9) 9.2···0.3
(10) 6.7···0.2　(11) 7.9···0.1　(12) 5.7···0.5
(13) 5.5···0.1　(14) 4.1···0.5　(15) 6.4···0.7
(16) 8.2···0.7

59쪽
1. (1) 5.6···0.7　(2) 8.6···0.7　(3) 3.6···0.7
(4) 6.3···0.5　(5) 1.5···0.8　(6) 8.6···0.2
(7) 9.4···0.3　(8) 4.3···0.4　(9) 7.9···0.5
(10) 2.9···0.5　(11) 3.4···0.2　(12) 2.6···0.7
(13) 6.9···0.4　(14) 2.3···0.2　(15) 6.6···0.7
(16) 7.3···0.3

2. (1) 2.6···0.3　(2) 3.1···0.4　(3) 1.5···0.3
(4) 6.2···0.1　(5) 2.6···0.1　(6) 7.5···0.1
(7) 7.6···0.2　(8) 2.9···0.2　(9) 8.2···0.8
(10) 4.5···0.8　(11) 4.3···0.4　(12) 7.7···0.1
(13) 2.3···0.6　(14) 2.8···0.3　(15) 4.1···0.5
(16) 5.2···0.1

60쪽
1. (1) 2.5···0.7　(2) 7.4···0.3　(3) 7.5···0.1
(4) 6.6···0.8　(5) 9.1···0.2　(6) 2.9···0.3
(7) 7.7···0.5　(8) 3.9···0.6　(9) 2.3···0.7
(10) 6.4···0.4　(11) 7.5···0.2　(12) 6.3···0.3
(13) 5.6···0.1　(14) 9.1···0.5　(15) 5.1···0.1
(16) 4.4···0.2

2. (1) 3.8···0.4　(2) 9.4···0.1　(3) 1.5···0.6
(4) 3.6···0.2　(5) 1.8···0.3　(6) 8.3···0.3
(7) 4.4···0.1　(8) 5.6···0.2　(9) 8.9···0.5
(10) 5.8···0.5　(11) 1.8···0.1　(12) 7.3···0.5
(13) 2.5···0.8　(14) 7.6···0.1　(15) 8.3···0.1
(16) 7.8···0.5

61쪽
1. (1) 11.9　(2) 15.4　(3) 18.3　(4) 25.4
(5) 36.7　(6) 10.6　(7) 15.3　(8) 16.6
(9) 11.6　(10) 16.9　(11) 23.7　(12) 13.3

2. (1) 13.9　(2) 44.8　(3) 14.3　(4) 13.6
(5) 24.9　(6) 11.5　(7) 18.7　(8) 38.9
(9) 16.2　(10) 27.6

62쪽
1. (1) 24.5　(2) 13.7　(3) 12.3　(4) 23.6
(5) 22.4　(6) 12.8　(7) 12.2　(8) 27.6
(9) 13.8　(10) 19.8　(11) 13.6　(12) 14.7

2. (1) 39.6　(2) 11.6　(3) 14.9　(4) 12.9
(5) 17.5　(6) 11.4　(7) 14.9　(8) 23.6
(9) 16.9　(10) 24.9　(11) 49.6　(12) 13.5

63쪽
1. (1) 26.5···0.1　(2) 16.3···0.3　(3) 13.6···0.5
(4) 27.5···0.2　(5) 17.6···0.3　(6) 17.6···0.2
(7) 37.6···0.1　(8) 14.4···0.5　(9) 11.4···0.3
(10) 13.4···0.4　(11) 10.7···0.2　(12) 16.2···0.4

2. (1) 13.3···0.4　(2) 14.1···0.6　(3) 49.7···0.1
(4) 12.7···0.2　(5) 24.9···0.1　(6) 10.1···0.6
(7) 15.6···0.5　(8) 28.6···0.1　(9) 13.3···0.4
(10) 16.8···0.2　(11) 16.2···0.3　(12) 21.3···0.3

64쪽
1. (1) 29.3···0.2　(2) 12.5···0.4　(3) 21.6···0.1
(4) 10.2···0.1　(5) 13.9···0.3　(6) 10.5···0.7
(7) 10.9···0.5　(8) 25.2···0.2　(9) 38.8···0.1
(10) 15.5···0.1　(11) 11.4···0.4　(12) 16.7···0.4

2. (1) 36.7···0.1　(2) 24.8···0.3　(3) 12.5···0.3
(4) 12.6···0.2　(5) 16.9···0.3　(6) 47.5···0.1
(7) 12.1···0.1　(8) 16.3···0.1　(9) 33.8···0.1
(10) 12.4···0.2　(11) 24.8···0.1　(12) 13.3···0.4

1. (1) 0.8　(2) 0.5　(3) 0.7　(4) 0.6
(5) 0.4　(6) 0.9　(7) 0.6　(8) 0.7
(9) 0.8　(10) 0.4　(11) 0.9　(12) 0.7
(13) 0.6　(14) 0.7　(15) 0.6

2. (1) 0.8　(2) 0.5　(3) 0.4　(4) 0.7
(5) 0.6　(6) 0.9　(7) 0.7　(8) 0.8
(9) 0.3　(10) 0.7　(11) 0.4　(12) 0.5
(13) 0.6　(14) 0.9　(15) 0.8

66쪽

1. (1) 0.07　(2) 0.06　(3) 0.07　(4) 0.06
(5) 0.07　(6) 0.05　(7) 0.05　(8) 0.07
(9) 0.06　(10) 0.08　(11) 0.04　(12) 0.04
(13) 0.09

2. (1) 0.09　(2) 0.06　(3) 0.07　(4) 0.07
(5) 0.06　(6) 0.08　(7) 0.06　(8) 0.07
(9) 0.06　(10) 0.07　(11) 0.08　(12) 0.04
(13) 0.07　(14) 0.07　(15) 0.08

67쪽

1. (1) 0.9　(2) 0.8　(3) 0.8　(4) 0.9
(5) 0.8　(6) 0.7　(7) 0.08　(8) 0.09
(9) 0.08　(10) 0.08　(11) 0.07　(12) 0.07
(13) 0.08　(14) 0.08　(15) 0.04

2. (1) 0.9　(2) 0.8　(3) 0.8　(4) 0.7
(5) 0.8　(6) 0.6　(7) 0.09　(8) 0.05
(9) 0.06　(10) 0.04　(11) 0.07　(12) 0.09
(13) 0.06　(14) 0.08　(15) 0.07

68쪽

1. (1) 2.4　(2) 3.7　(3) 1.7　(4) 1.3
(5) 2.8　(6) 2.4　(7) 2.4　(8) 2.3
(9) 1.8　(10) 1.6　(11) 1.2　(12) 3.7

2. (1) 1.3　(2) 1.3　(3) 2.5　(4) 3.8
(5) 2.1　(6) 3.5　(7) 1.6　(8) 2.4
(9) 2.6　(10) 2.6　(11) 3.6　(12) 1.3

69쪽

1. (1) 0.28　(2) 0.27　(3) 0.27　(4) 0.29
(5) 0.17　(6) 0.24　(7) 0.58　(8) 0.12
(9) 0.18　(10) 0.16　(11) 0.26　(12) 0.14

2. (1) 0.25　(2) 0.24　(3) 0.18　(4) 0.26
(5) 0.39　(6) 0.25　(7) 0.18　(8) 0.16
(9) 0.24　(10) 0.17　(11) 0.12　(12) 0.26

70쪽

1. (1) 4.6　(2) 2.7　(3) 2.7　(4) 0.12
(5) 0.26　(6) 0.14　(7) 2.5　(8) 2.9
(9) 2.9　(10) 0.13　(11) 0.24　(12) 0.13

2. (1) 2.7　(2) 2.7　(3) 5.2　(4) 0.39
(5) 0.42　(6) 0.13　(7) 1.7　(8) 2.4
(9) 2.6　(10) 0.35　(11) 0.16　(12) 0.27

71쪽

1. (1) 6.5　(2) 5.9　(3) 4.7　(4) 8.9
(5) 9.7　(6) 7.4　(7) 8.4　(8) 5.8
(9) 8.7　(10) 9.4　(11) 9.7　(12) 7.7

2. (1) 8.6　(2) 6.8　(3) 7.3　(4) 6.3
(5) 4.2　(6) 8.6　(7) 8.7　(8) 7.4
(9) 6.7　(10) 9.7　(11) 9.5　(12) 9.6

72쪽

1. (1) 0.52　(2) 0.83　(3) 0.47　(4) 0.29
(5) 0.58　(6) 0.97　(7) 0.63　(8) 0.79
(9) 0.42　(10) 0.73　(11) 0.54　(12) 0.93

73쪽

2. (1) 0.57　(2) 0.75　(3) 0.27　(4) 0.69
(5) 0.75　(6) 0.78　(7) 0.64　(8) 0.53
(9) 0.73　(10) 0.46　(11) 0.94　(12) 0.72

73쪽

1. (1) 5.8　(2) 7.8　(3) 7.8　(4) 6.3
(5) 7.6　(6) 7.3　(7) 0.83　(8) 0.84
(9) 0.49　(10) 0.79　(11) 0.98　(12) 0.89

2. (1) 6.7　(2) 9.6　(3) 9.3　(4) 4.3
(5) 7.9　(6) 8.7　(7) 0.57　(8) 0.79
(9) 0.36　(10) 0.73　(11) 0.26　(12) 0.78

74쪽

1. (1) 0.8…0.7　(2) 0.8…1.9　(3) 0.6…0.1
(4) 0.8…1.8　(5) 0.7…0.2　(6) 0.6…0.8
(7) 0.7…0.8　(8) 0.8…1.9　(9) 0.5…2.7
(10) 0.6…0.2　(11) 0.7…1.6　(12) 0.6…0.3
(13) 0.6…1.5　(14) 0.5…0.7　(15) 0.6…0.9

2. (1) 0.8…0.9　(2) 0.9…0.2　(3) 0.4…1.5
(4) 0.7…2.9　(5) 0.4…1.9　(6) 0.4…0.8
(7) 0.4…1.2　(8) 0.8…0.8　(9) 0.6…0.5
(10) 0.7…1.5　(11) 0.5…1.7　(12) 0.7…2.7
(13) 0.7…0.8　(14) 0.8…0.6　(15) 0.8…4.8

75쪽

1. (1) 0.06…0.18　(2) 0.06…0.27
(3) 0.08…0.22　(4) 0.07…0.18
(5) 0.08…0.14　(6) 0.03…0.25
(7) 0.08…0.08　(8) 0.07…0.46
(9) 0.07…0.38　(10) 0.08…0.17
(11) 0.08…0.59　(12) 0.06…0.23
(13) 0.04…0.23　(14) 0.07…0.06
(15) 0.08…0.03

76쪽

2. (1) 0.07…0.16　(2) 0.03…0.29
(3) 0.08…0.09　(4) 0.07…0.08
(5) 0.07…0.09　(6) 0.06…0.17
(7) 0.07…0.33　(8) 0.04…0.16
(9) 0.07…0.05　(10) 0.08…0.18
(11) 0.06…0.08　(12) 0.06…0.09
(13) 0.09…0.09　(14) 0.07…0.19
(15) 0.08…0.15

76쪽

1. (1) 0.9…2.9　(2) 0.4…1.6
(3) 0.8…3.9　(4) 0.9…1.8
(5) 0.6…2.9　(6) 0.7…1
(7) 0.7…1.9　(8) 0.8…0.9
(9) 0.9…7.7　(10) 0.7…1
(11) 0.8…2.8　(12) 0.4…1.7
(13) 0.8…3.3　(14) 0.8…4.8
(15) 0.6…1.3

2. (1) 0.09…0.51　(2) 0.08…0.09
(3) 0.08…0.25　(4) 0.07…0.41
(5) 0.07…0.23　(6) 0.08…0.34
(7) 0.05…0.27　(8) 0.09…0.24
(9) 0.06…0.17　(10) 0.04…0.12
(11) 0.07…0.09　(12) 0.04…0.35
(13) 0.05…0.05　(14) 0.08…0.28
(15) 0.09…0.09

77쪽

1. (1) 2.4…1.9　(2) 3.5…1.4　(3) 1.7…2.3
(4) 1.2…1.5　(5) 3.8…0.9　(6) 1.7…2.5
(7) 2.4…2.9　(8) 2.7…1.3　(9) 3.8…0.8
(10) 2.3…2.4　(11) 3.7…0.9　(12) 1.3…3.1

2. (1) 2.3…2.5　(2) 1.7…2.4　(3) 2.6…0.1
(4) 2.8…0.7　(5) 2.1…2.8　(6) 3.4…0.7
(7) 3.3…1.3　(8) 4.6…0.8　(9) 1.3…1.4
(10) 1.4…3.7　(11) 3.8…0.7　(12) 1.4…2.4

1.
(1) 0.58…0.04	(2) 0.34…0.05
(3) 0.27…0.08	(4) 0.17…0.16
(5) 0.24…0.19	(6) 0.12…0.68
(7) 0.68…0.08	(8) 0.24…0.18
(9) 0.28…0.16	(10) 0.46…0.13
(11) 0.24…0.19	(12) 0.15…0.12

2.
(1) 0.24…0.17	(2) 0.47…0.09
(3) 0.25…0.17	(4) 0.24…0.05
(5) 0.37…0.13	(6) 0.26…0.1
(7) 0.18…0.05	(8) 0.16…0.39
(9) 0.34…0.19	(10) 0.24…0.09
(11) 0.13…0.17	(12) 0.19…0.15

1.
(1) 1.7…1.3	(2) 3.4…1.1
(3) 2.7…1	(4) 1.3…5.1
(5) 1.6…1.8	(6) 2.5…1.7
(7) 2.9…1.7	(8) 3.7…0.8
(9) 1.6…0.8	(10) 1.3…3.6
(11) 2.6…2.2	(12) 2.9…0.9

2.
(1) 0.26…0.06	(2) 0.39…0.12
(3) 0.35…0.07	(4) 0.28…0.11
(5) 0.19…0.29	(6) 0.29…0.13
(7) 0.52…0.08	(8) 0.36…0.09
(9) 0.27…0.19	(10) 0.24…0.09

1.
(1) 8.3…4.4	(2) 7.8…3.2	(3) 5.9…3.8
(4) 4.3…2.1	(5) 6.7…2.5	(6) 7.6…4.5
(7) 5.7…3.9	(8) 9.7…0.5	(9) 8.4…2.9
(10) 9.2…1.7	(11) 5.8…1.6	(12) 4.6…1.8

2.
(1) 6.4…2.5	(2) 8.6…4.8	(3) 7.3…3.8
(4) 7.3…1.4	(5) 4.7…2.3	(6) 6.2…1.7
(7) 5.3…5.7	(8) 8.3…3.6	(9) 6.3…1.5
(10) 7.3…3.3	(11) 9.7…5.9	(12) 5.7…3.6

1.
(1) 0.46…0.24	(2) 0.39…0.42
(3) 0.53…0.15	(4) 0.52…0.17
(5) 0.79…0.28	(6) 0.87…0.28
(7) 0.86…0.37	(8) 0.83…0.46
(9) 0.69…0.38	(10) 0.53…0.23
(11) 0.43…0.25	(12) 0.92…0.15

2.
(1) 0.93…0.13	(2) 0.73…0.27
(3) 0.83…0.25	(4) 0.86…0.15
(5) 0.39…0.38	(6) 0.43…0.19
(7) 0.54…0.38	(8) 0.43…0.45
(9) 0.63…0.15	(10) 0.54…0.37
(11) 0.59…0.46	

1.
(1) 5.7…1.3	(2) 9.3…2.5
(3) 8.7…1.4	(4) 6.7…3.5
(5) 9.7…0.9	(6) 8.6…2.4
(7) 4.7…2.5	(8) 6.5…2.7
(9) 6.3…4.9	(10) 4.7…1.9
(11) 5.7…1.9	(12) 9.7…2.9

2.
(1) 0.94…0.37	(2) 0.67…0.15
(3) 0.78…0.39	(4) 0.83…0.59
(5) 0.84…0.27	(6) 0.56…0.26
(7) 0.57…0.23	(8) 0.39…0.17
(9) 0.93…0.08	(10) 0.98…0.04
(11) 0.57…0.45	(12) 0.96…0.24

1.
(1) 42	(2) 85	(3) 93	(4) 45
(5) 73	(6) 83	(7) 65	(8) 97
(9) 86	(10) 64	(11) 49	(12) 69

2.
(1) 82	(2) 46	(3) 63	(4) 65
(5) 93	(6) 63	(7) 87	(8) 84
(9) 28	(10) 73	(11) 83	

1.
(1) 9.7	(2) 4.7	(3) 5.7	(4) 9.3
(5) 5.3	(6) 5.8	(7) 2.4	(8) 2.8
(9) 8.5	(10) 8.5	(11) 4.6	(12) 6.3

2.
(1) 4.6	(2) 8.4	(3) 8.3	(4) 6.3
(5) 7.9	(6) 5.7	(7) 5.7	(8) 8.4
(9) 4.8	(10) 9.8	(11) 3.5	(12) 4.8

1.
(1) 78	(2) 53	(3) 82	(4) 59
(5) 73	(6) 46	(7) 9.3	(8) 8.3
(9) 3.6	(10) 7.9	(11) 7.5	(12) 8.3

2.
(1) 78	(2) 73	(3) 68	(4) 93
(5) 63	(6) 63	(7) 8.7	(8) 9.5
(9) 7.9	(10) 8.3	(11) 4.5	(12) 3.6

1.
(1) 67…6.6	(2) 69…4.5
(3) 45…3.9	(4) 63…1.6
(5) 36…4.7	(6) 23…3.6
(7) 81…6.4	(8) 78…2.8
(9) 46…1.6	(10) 69…2.9
(11) 89…1.9	(12) 63…5.3

2.
(1) 73…2.7	(2) 46…3.9
(3) 93…2.9	(4) 47…8.7
(5) 42…2.7	(6) 79…1.6
(7) 45…1.6	(8) 42…5.9
(9) 99…4.3	(10) 15…4.9
(11) 63…5.3	(12) 85…2.6

1.
(1) 9.6…0.17	(2) 4.2…0.37
(3) 8.3…0.51	(4) 9.3…0.36
(5) 5.3…0.29	(6) 8.3…0.36
(7) 7.3…0.16	(8) 4.6…0.19
(9) 9.8…0.18	(10) 6.9…0.29
(11) 7.9…0.29	(12) 9.1…0.23

2.
(1) 5.3…0.44	(2) 9.3…0.25
(3) 8.3…0.18	(4) 2.6…0.68
(5) 3.9…0.38	(6) 5.4…0.37
(7) 8.7…0.25	(8) 4.8…0.19
(9) 4.5…0.48	(10) 6.9…0.45

1.
(1) 93…2.5	(2) 98…1.8
(3) 78…1.6	(4) 69…0.9
(5) 73…4.7	(6) 76…3.5
(7) 67…2.7	(8) 93…1.9
(9) 75…3.6	(10) 76…1.9
(11) 69…3.6	(12) 93…0.7

2.
(1) 9.3…0.31	(2) 5.9…0.69
(3) 7.9…0.13	(4) 3.6…0.29
(5) 4.9…0.29	(6) 5.8…0.28
(7) 8.7…0.18	(8) 6.5…0.38
(9) 6.5…0.12	(10) 4.6…0.79
(11) 3.9…0.15	(12) 7.2…0.35